建筑节能低碳最新技术丛书

建筑可再生能源的应用(二)

北京无源建筑规划设计院

刘令湘　编译

中国建筑工业出版社

图书在版编目（CIP）数据

建筑可再生能源的应用（二）/刘令湘编译．—北京：
中国建筑工业出版社，2011.12
（建筑节能低碳最新技术丛书）
ISBN 978-7-112-13794-7

Ⅰ．①建…　Ⅱ．①刘…　Ⅲ．①再生能源—应用—
建筑工程　Ⅳ．①TU18

中国版本图书馆 CIP 数据核字（2011）第 235791 号

本书为《建筑节能低碳最新技术丛书》第四分册，主要介绍了生物质能、风能、小水电和波浪能以及环境能等。

本书可供建筑师、建筑业主、居者和直接参与建筑业、物业运行管理、维护保养的专业人士，以及大专院校师生参考。

责任编辑：于　莉
责任设计：李志立
责任校对：王誉欣　王雪竹

建筑节能低碳最新技术丛书
建筑可再生能源的应用(二)
北京无源建筑规划设计院
刘令湘　编译
*
中国建筑工业出版社出版、发行(北京西郊百万庄)
各地新华书店、建筑书店经销
华鲁印联（北京）科贸有限公司制版
北京云浩印刷有限责任公司印刷
*
开本：787×1092 毫米　1/16　印张：11　字数：273 千字
2012 年 3 月第一版　　2012 年 3 月第一次印刷
定价：**49.00** 元
ISBN 978-7-112-13794-7
(21560)

编 译 者 序

建筑节能低碳最新技术丛书来到第四集——对源于太阳能的二级可再生能源进行讨论，包括：生物质能、风能、小水电和波浪能以及环境热等。

鉴于化石能源、核裂变原料百年内渐近枯竭和燃烧化石能源的CO_2等温室气体排放造成气候暖化等问题，开发利用可再生能源来产生热能和电能这两种人类主要最终使用能量，已成必由之路。与前三集一样，本集丛书将向读者提供一些市场可供的可再生能源技术，涉及工作原理、设施装备、系统集成和改进；当然，还尽可能介绍最新发展、经济效益评估以及应用案例，并对每一可再生能源技术提出总结及其应用优缺点分析。

这里特别想对读者强调的是物理概念的清晰，这对我们的政策制订者尤其重要。比如说，举"新能源"大旗，借"节能低碳"东风，电动汽车正力争上游地冲击市场。其实，"节能"指的是节省不可再生能源；"低碳"意思是减少CO_2等温室气体的排放。燃煤发电效率约27%～36%；电池充放电利用效率在70%～75%；再考虑电动机效率（通常75%～92%）和机械摩擦等，电动汽车的原始能源利用效率也就是15%～25%。而如今的量产汽车能量效率约30%～40%；即使考虑通过催化裂解将原油制成汽油的能量消耗（占加工原油的7%～9.5%），电动汽车相对于一般汽车来说，对节能低碳的贡献仍乏善可陈。电动车的优点仅在于能改善局部环境空气质量，排放改在发电厂比较容易监控。化石能源的优点在于方便储存，能量密度高；而储存恰恰是控制方便的电能之软肋，99%以上的电能是即时消费的。在软肋上动刀必有负面作用：成本高、寿命短、存在安全隐患、报废后易形成二次污染。依照国际能源局（IEA）2010年提出的中期里程碑：电动车必然是生物电驱动的电动车，成本降低且使用寿命改善。要有所作为尚需科技创新研究的真正突破，并非仓促强力产业化。

建筑和其他行业一样甚至更多地承担节能低碳的重任：建筑加热供暖和制冷的能耗就占到大约最终世界总能耗的1/3。任何过程都要从物理概念出发考核原始能量利用效率，而不是只按严重扭曲的价格算经济账。考核生态和经济得失还须考量整个生命周期。

正值本集丛书编译期间，IEA在5月16日向媒体发布消息：住宅建筑、商业建筑以及公共建筑加热供暖和制冷技术能量利用高效且释放CO_2少（甚至不释放）可以大幅度地减少能量消耗和CO_2释放。

IEA公布的技术路线图——能量利用高效的建筑：加热供暖和制冷技术及设施已经显示：太阳能加热、热泵、热能存储和为建筑服务的热电联产技术（此四项技术在本丛书前三集均有翔实介绍），有望到2050年减少CO_2释放2Gt，即如今建筑释放CO_2量的1/4，并且到2050年节省燃烧710000000t油的等效能量。

IEA报告确认：能量节省的速度可以很快。这是因为：一方面，上述四项技术已经市场可供；另一方面，加热和制冷设施可以在7～30年内将世界全部建筑物重新武装完毕，进度远远超过建筑寿命（30～100 年甚至更长）本身。

这不仅仅在建筑业，还需要一系列政策配套，并且有长期、稳定和平衡的方针支持，包括：增加技术研究和发展的投入；考核技术能量节省和减少释放CO_2的可靠指标以及其全生命周期的经济惠益；健全市场转让方针以克服目前高效能低（零）排放的建筑加热供暖和制冷技术的低采纳度；在技术研究和发展方面更多的技术合作，促进国家和地区间技术知识的转让。

笔者愿将本书贡献给对建筑可再生能源利用和节能低碳有兴趣的建筑业主，居住者和直接参与建筑业，物业运行管理，维护保养的专业人士。更对大专院校师生，研究生，相关研究设计院所领导，专家和工作人员寄予厚望。

本书引用一些图片（均附有出处及作者）以飨读者，一并对作者致以诚挚谢意。

感谢 CEO 江丽女士和我们团队对编写本丛书的大力支持、协作和帮助。

北京无源建筑规划设计院　刘令湘（Dr-Ing.）

2011.7.15 于柏林

目　　录

1 生 物 质 能

生物质能（biomass energy），就是太阳能以化学能形式贮存在生物质中的能量，即以生物质为载体的能量。它直接或间接地来源于绿色植物的光合作用，可转化为常规的固态、液态和气态燃料，取之不尽、用之不竭，是一种可再生能源，同时也是唯一的一种可再生碳源。

1.1 生物质能概述

生物质能以生物质为载体、通过光合作用，将太阳能转化为化学能形式。所以从广义上讲，生物质能是一种二级太阳能。

生物质能蕴藏在植物、动物和微生物等具有生长能力的有机物中，它是由太阳能转化而来的。有机物中除矿物燃料以外的所有来源于动植物的能源物质均属于生物质能源，通常包括木材、森林废弃物、农业废弃物、水生植物、油料植物、城市和工业有机废弃物、动物粪便等。地球上的生物质能资源较为丰富，而且是一种无害的能源。

美国把生物质能视作能源安全的捷径，如今生物质能源已经超过水电，成为第一大可再生能源。瑞典将生物质能源当作“告别石油”的主要依靠，生物燃气车已遍布全境，60%以上的供热依靠生物质燃料。巴西则成功地利用生物质能源弥补了石油缺乏的先天不足，2009 年的甘蔗乙醇替代了 56%的汽油。

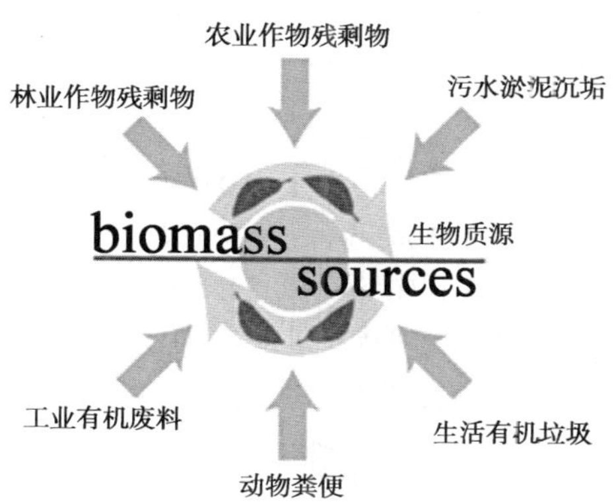

图 1-1 生物质源

1.1.1 白蚁的启迪

白蚁是至今地球上最古老的社会性生物，在自然界物质循环和矿化过程中，扮演着重要的角色。它们可以把木质纤维素类物质降解成为简单的物质：CO_2，CH_4……在白蚁周围竟然 20 倍于空气之多！

建筑物防治白蚁的同时，人们不妨可以仿生——利用生物质源来生产生物质燃料。

1.1.2 更好利用生物质能

国际能源局（IEA）开展《更好利用生物质能》（Better Use of Biomass for Energy，BUBE）课题，课题成果中确定：

(1)生物质能可以更好地减少温室气体（Green House Gas，GNG）排放；

(2)气候方针有益于更好的生物质能的发展。

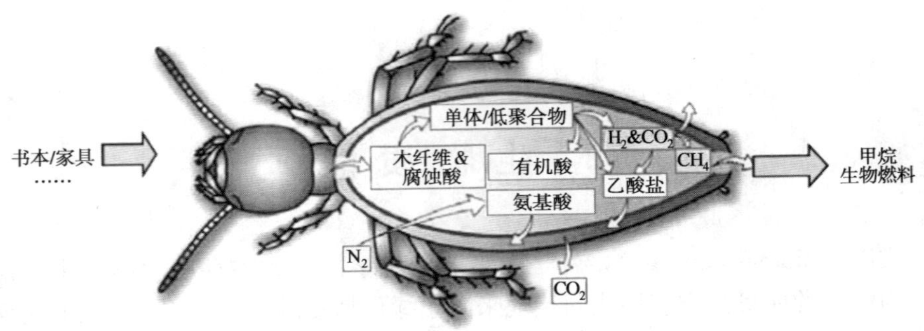

图 1-2 白蚁的启迪
(来源：Silva Lora)

好的生物质能源可在花费合理的前提下使能量供应多样化；改善贸易平衡并且提高农村收入和就业水平，有助于减少由于化石燃料引发的温室气体排放。

然而，如果没有安全保证到位，生物质能源则会引发：土地滥用、食品不安全、水资源使用过度以及土壤丧失管理等。

较好的生物质能源是所有国家增加可持续能源的需要；同时，还要考虑花费和效益。

有各种各样较好的生物质能源可供可持续发展能源的选择，不仅在供应方面；还在于对产热发电的转换，提供运输燃料、生物化学品或生物材料方面均应有上乘品质。

实际上，所有国家对可持续生物质能源的利用尚远远不足，特别是基于低成本的高效利用，以减少温室气体排放并在产生社会效益上做出贡献。在不降低生物多样性、水资源、土壤的水平的基础上，考虑人口和需求量的增长，估计到 2050 年：全球利用生物质能源有望达到总能量供应的 25%～33%。

鉴于生物质能源作物耕种引起的直接土地利用的变更（Land Use Change，LUC）会引发温室气体排放升高，应当被控制，使土地利用的变更保持安全、可靠且经济高效。

间接土地利用的变更（ILUC）亦导致温室气体排放升高且难以控制，直接影响农业和林业。必须减少间接土地利用的变更的危险，全面达致温室气体排放平衡至关重要。为此：

（1）生物质能源作物耕种应选择贫瘠土地，不要与食品、饲料或纤维植物争地。

（2）多茬作物，多年轮作制，陆基海藻有利于可持续能源生产，前提是降低花费和改善全面特性。

（3）采用高转换率系统，特别是热电联产、下一代生物质燃料和集成精炼提纯等。

（4）生物质燃料原料混合物因地制宜。

（5）加强开展有针对性的研究和开发工作。

（6）与碳捕获和碳储存相结合，将生物质能源列入降低 CO_2 排放的长期规划。

（7）制定国家生物质能源发展路线图。

（8）关于标准：对于大多数国家，近期和中期目标应瞄准生物质能源产热发电；2050 年再转入生物质运输燃料。其中，多方面、多层次相互合作不可忽视。

1.1.3 生物能的今天和明天

如今，生物质提供多过 3/4 的所有可再生能量，其主要出自木质生物质。图 1-3 详细

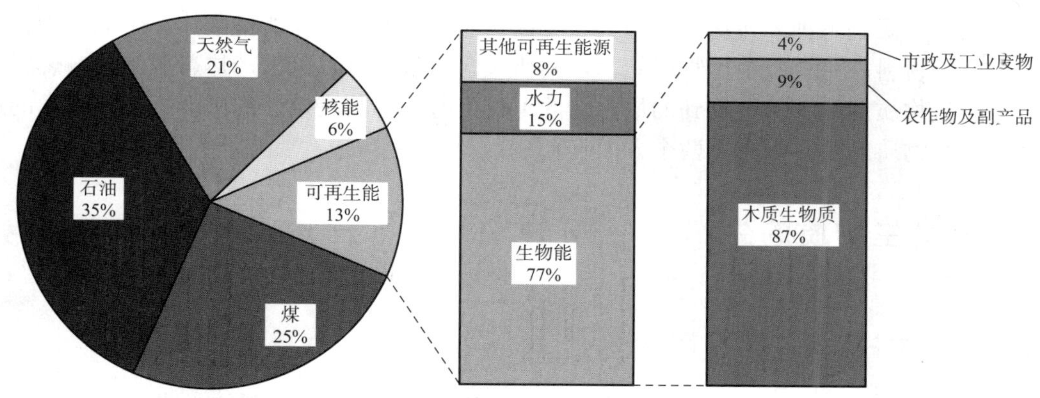

图 1-3 生物质能在全球能量中的比例关系

（来源：IEA Bioenergy ExCo：2009：05）

标识了这些比率。

由图可以看出：生物质提供了 13%的全球能量供应以及大部分所有可再生能量。在欧洲经济共同体（Organisation Européenne de Coopération Economique，OECE）国家中，平均生物质提供总能量供应的平均比例是 3%，主要用于发电产热，但是，在运输燃料方面的应用与日俱增。

在很多发展中国家，生物能用于做饭，平均为 22%的能耗；在有些国家甚至高达 90%。

全球利用生物质能源潜能，在不降低生物多样性、水资源、土壤的水平的基础上，取决于农业和林业的发展，按 IEA 的估计可达 250～500EJ，相当于如今全球能量消耗的 50%～100%。估计到 2050 年，考虑了人口和需求量的增长之后，全球利用生物质能源潜能会达到总能量供应的 25%～33%。图 1-4 勾画出可持续生物质能在全球能量中应用的潜在趋势。

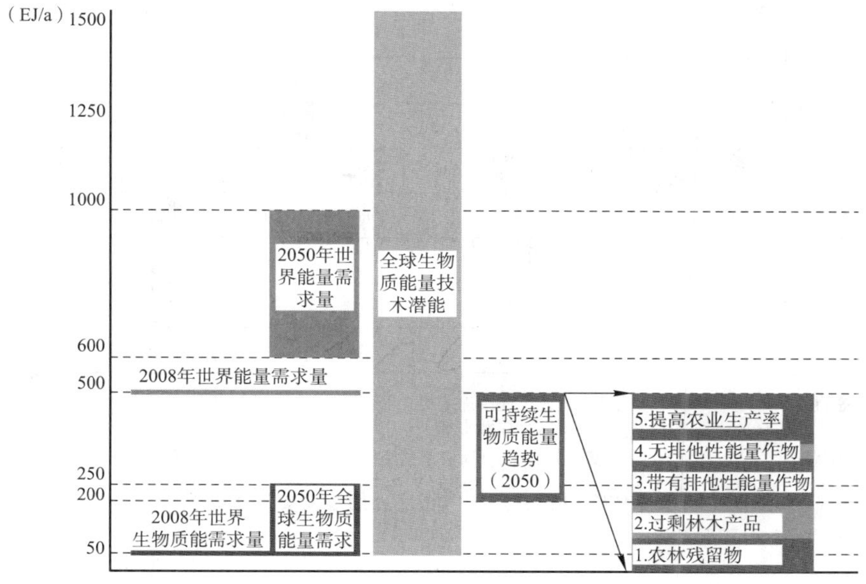

图 1-4 可持续生物质能在全球能量中应用的潜在趋势

（来源：IEA Bioenergy ExCo：2009：05）

生物质能源是一种多元化的能源——可以存储和转换成任何能量载体、生成生物化学物质和生物材料。一旦应用生物质能源，其所包含能量可以发电、产热、成为运输燃料。

尽管生物质能是人类所用到的最古老的可再生能量，其决定性的机会还在于技术的进步，包括生物质的生产和应用两个方面。

1.2 能量生物质的生产

1.2.1 直接土地利用的变更

对于所有国家而言，土地的可供性是决定性因素，特别是对于出口生物质和生物质燃料的国家更是如此。土地的可供性和土地的应用不仅影响生物能的发展，而且对于国家和全球农业、食品、林业和贸易都至关重要。

为增加生物质生产而土地利用的变更（LUC）会引发温室气体排放升高：如现存热带森林和稀树草原（savannah）被砍伐用于种植生物质作物，其温室气体排放甚至高于用生物质代替化石能源所节省的温室气体排放。

除此之外，在可耕土地上采用多年生作物来替代年成熟作物，或者引入农林轮作制将增加土壤碳化，导致附加温室气体存储。

这样一来，生产生物质能作物的温室气体平衡取决于：以前土地的用途，生产生物质能作物和耕作制度以及时间的平衡。图 1-5 描绘了生产生物质能作物引发温室气体和土地用途变更之间关系的敏感性。

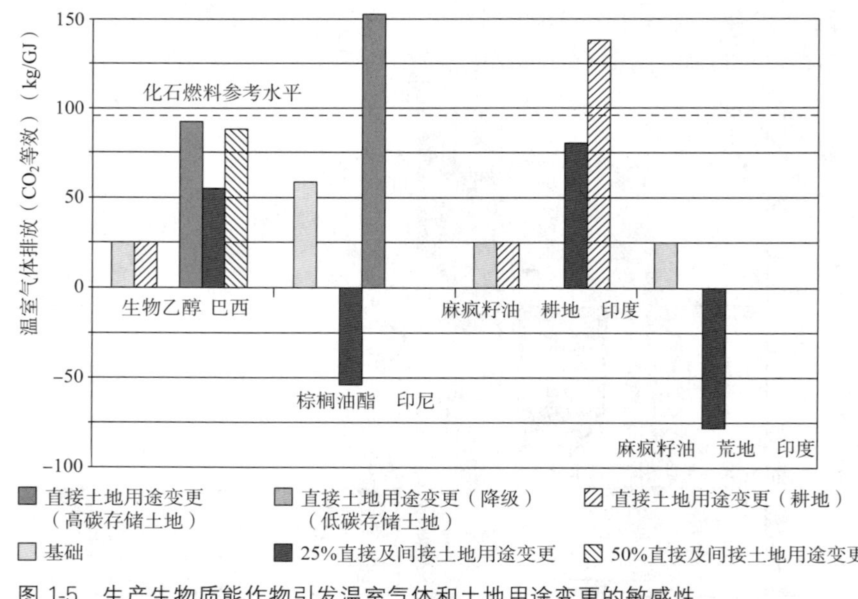

图 1-5 生产生物质能作物引发温室气体和土地用途变更的敏感性

(来源：UNEP DTIE 2009)

生产生物质能作物的直接土地用途变更，原则上可以通过审批确认是否种植生物质能作物得到控制。在欧洲和美国就是这样做的。如果出口国家参加这样一个系统，可以从进口生物质国家得到纯温室气体排放存储的保证，并且使生物多样性的相应负面影响得以避免。

随着遥感技术和对于地理系统更多信息采集的进步，观测生产生物质能作物的直接土地用途变更会更可靠和性价比会更高。

还有，增加生物质能作物的生产还会引发间接土地用途变更效应，对农业部门价格有影响，进而冲击脆弱的公众对于食品安全的担忧。

1.2.2 间接土地利用的变更

为降低间接土地利用的变更的影响，有如下选项和策略值得讨论：

1.2.2.1 短期措施

短期降低间接土地利用的变更影响的措施如下：

（1）用残留物和废物；

（2）采用对土地要求低的高效系统；

（3）尽量使用“荒地”种植生产生物质能作物；

（4）不与食品、饲料或纤维种植争地；避免对生物多样性和社会产生任何负面影响。

1.2.2.2 中期措施

中期降低间接土地利用的变更影响的措施主要是依靠全球气候谈判的成果——对减少由于毁林和森林退化引发温室气体排放的奖励政策（rewarding reduced emission from deforestation and degradation，REDD）。这是一个考虑气候框架条约 2012 后的机制。各种研究和研讨会的结论表明：能够设计并建造花费高效的评估和监测毁林、森林退化、碳存储变化的系统以及改善遥感技术。

1.2.2.3 长期措施

长期降低间接土地利用的变更影响的措施包括两个方面：

（1）引入在联合国全球气候变化框架条约框架范围内的对所有国家温室气体排放强制性指标，包括所有土地利用的变更。至于有效的监察，涉及所有这些土地利用变更的原因。谈判并完成这样一个系统需要时间，并且只能一步一个脚印地走。

（2）另一个探索是开发一个全球认证系统：要求所有生物质应用都要满足温室气体排放标准，包括由于直接土地用途变更引起的温室气体排放。

1.3 生物质能的利用

更好利用生物能的第二个关键是更有效地将生物质能量转换成可用形式的能量并且在终端用户也能高效。二者目标瞄准减少原料供应的负担，但是对于经济花费和减低温室气体排放却有着不同的涵义

对于发电产热来说，已有若干生物质技术进入市场实现了商业化的初级阶段。可是这些生物质技术尚需进一步地开发，特别是采用集成气化、组合-循环以及燃料电池。

至于液体和气体运输燃料，经改进的“下一代”技术有望在下一个十年交付接近商业

化的运输燃料。

生物质还可以转换成能替代化石碳的生物基材料和生物过程——化学物质、纤维、药物和塑料。生物精炼就是这样的手段：可以并行交付（一些）能量输出的同时集成这些产品。

生物材料并不必有和生物质能源进行竞争的意思。因为一旦基于生物的产品耗尽了其可用性就会变成废料，而其所含能量还可以承担产热发电或者充当运输燃料。

这样一来，一个更好利用生物质的挑战是建立废物收集、管理和转换系统，以达到“串阶”式利用生物质，同时考虑经济制约。图 1-6 给出利用生物质，包括原料、过程和产品的概括方框图示。

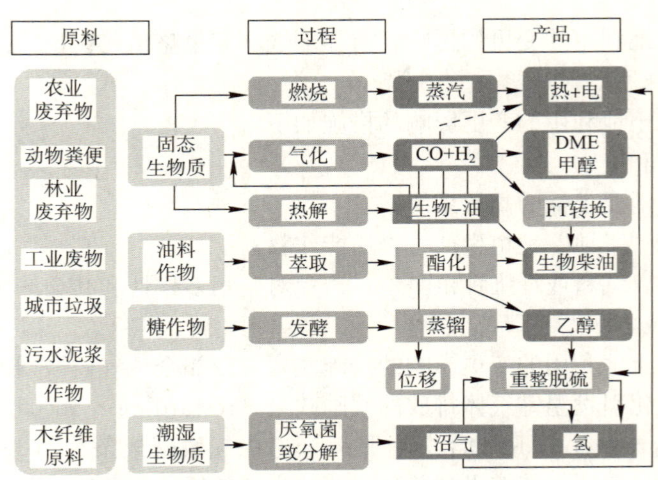

图 1-6 生物质利用方框图

（来源：IEA）

DME：二甲醚又称甲醚（methyl ether；dimethyl ether）；分子式：C_2H_6O，结构式：$CH_3—O—CH_3$。二甲醚在常压下是一种无色气体或压缩液体，具有轻微醚香味。相对密度（20℃）0.666，熔点－141.5℃，沸点－24.9℃，室温下蒸气压约为 0.5MPa，与石油液化气（LPG）相似。易燃，在燃烧时火焰略带光亮，燃烧热（气态）为 1455kJ/mol。常温下 DME 具有惰性，不易自动氧化，无腐蚀、无致癌性，但在辐射或加热条件下可分解成甲烷、乙烷、甲醛等。与甲醇一样，被期望成为 21 世纪的能源之一，是目前国际、国内优先发展的产业。

1.4 良好利用生物质能的总体标志

1.4.1 改善可持续生物质资源的应用效率

改善可持续生物质资源的应用效率主要包括如下三方面：

(1) 增加用生物质资源来代替化石燃料的量；

——当采用生物废料和残渣，测度依每吨生物质输出能量，GJ/t；
——当采用生物质种植，测度依每公顷土地输出，GJ/h。
（2）提高传统炉窑和热厂的效率；采用热电联产(CHP)。
（3）鼓励在生物质资源生产、转换和终端使用改善能量效率的投资。

1.4.2 极大限度地减少温室气体

（1）要求在生物能量整个生命周期内温室气体排放降低应有一最低值：
——当采用生物废料和残渣，测度依每吨生物质造成等效 CO_2 排放降低，kg/t；
——当采用生物质种植，则测度依照每公顷土地产生等效 CO_2 排放降低，kg/h。
（2）为采纳生物能来降低温室气体排放路线提供激励政策。
（3）若利用废料和残渣，采用生物能应是首选。
（4）禁止或者至少限制利用耕地和草原作为能量用生物质种植。

1.4.3 最佳化生物质对能量供应安全的贡献

（1）如果一个政府致力减少对于石油的依赖，能量供应安全的方针应当瞄准可持续生物质能量对于运输的应用潜能；着力研发下一代生物质燃料和电动车辆并开拓市场。

（2）如若关注天然气供应安全，为可持续生物甲烷生产提供激励政策。

（3）通过有效的贸易方针和对于不可食生物质原料的市场激励来降低价格波动的风险和潜在影响。

1.4.4 避免和食品、饲料和纤维原料生产竞争

（1）提倡仅利用不会有特别高农产品产量的农地种植生物质。
（2）鼓励“串阶”式利用作为能量生物质的残剩物。
（3）与全球食品安全一起制订能量生物质发展方略。

1.5 生物质能发展里程碑

利用生物质能量的发展与时俱进。可能的生物质能量发展路程取决于技术发展通过学习所能达到的目标。这样一种学习以提高市场占有率为目的，决定因素在于成功研究开发的努力。

几个关键里程碑即技术突破口，需要解决。然而，既然是抵达将来的里程碑尚且未知数，现在制订的路线图要考虑灵活性：不能完全锁定是否超越或者落后。

1.5.1 近期里程碑

（1）协调开发建立生物质贸易，特别是包括土地用途变更在内的温室气体排放，生物多样性和对社会影响的可持续性标准、规范和标识。

（2）支持转向先进的作物系统——能在农作物废弃种植的贫瘠土地上生长的常年生，含油和木纤维植物。

（3）调整废物萃取、收集和运输分配，以期辅以能量生物材料废物“串阶”式利用。

(4) 改善土地使用策略，得以满足农业、能量、林业以及自然保护和社会发展需要。

1.5.2 中期里程碑

(1) 成功展示下一代生物技术和生物精炼(见图 1-7)并使商业化。

(2) 开发并展示大规模生物能转换厂的碳捕获和碳储存(Carbon Capture and Storag，CCS)，作为降低大气层 CO_2 水平的长期措施。

(3) 电动车，必然是生物电驱动的电动车，成本降低且使用寿命改善。

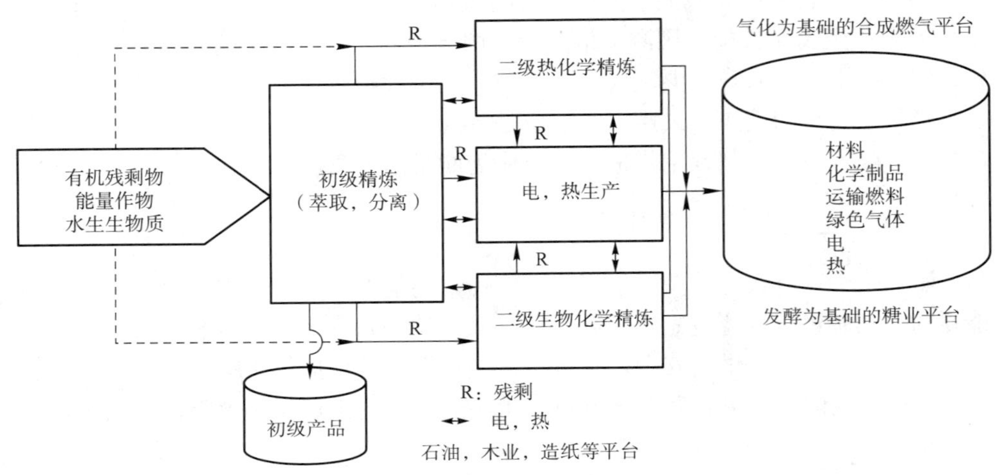

图 1-7 生物精炼过程和产品框图

(来源：IEA Task 42)

1.5.3 远期里程碑

(1) 研究开发陆基-海藻和其他作物系统(农林复合等)，特别是对气候变化能有弹性地应对，建立一个结实可靠的生产系统。

(2) 国际方针集成与合作，特别是在：农业、食品生产、生物多样性保护、气候变化缓和以及改善能源安全方面。

1.6 生物质能源技术

1.6.1 生物质能源技术概述

生物质能源技术是将太阳能以化学能形式贮存在生物质中的能量充分、合理而且安全地发挥释放出来供人们方便利用(经常以热和电的形式)的技术。

按照生物质的特点及转化方式可分为：

(1) 生物质固体燃料技术；

(2) 生物质液体燃料技术；

(3) 生物质气体燃料技术。

生物质固体燃料技术包括生物质成型技术、生物质直接燃烧技术和生物质混烧技术(co-firing)，是广泛应用且非常成熟的技术，生物质常温成型技术代表着固体生物质燃料的发展趋势。

生物质液体燃料可以替代石油作为运输燃料，不仅能解决能源安全问题，还有利于减少温室气体排放，还可以作为基本有机化工原料，代表着生物能源的发展方向，液体生物燃料包括燃料乙醇、生物柴油、生物质经气化或液化过程再经化学合成得到的生物燃油BtL(Biomass to Liquid Fuel)。

生物质气体燃料包括沼气、生物质气化、生物质制氢等技术，工业化生产沼气以及沼气净化后作为运输燃料GtL(Gas to Liquid Fuel)是近期内发展气体生物燃料的现实可行技术。

1.6.2 生物质固体燃料

1.6.2.1 生物质成型燃料

生物质压实（densified）成型燃料是把生物质固化成型后转化为更高质量(容易储存、方便运输、高能量密度)的生物质颗粒(pellets)或小团(briquettes)状燃料，热利用效率显著提高(见图1-8)。

图1-8 物质颗粒和小团状燃料

直接燃烧作为能源转化形式是一项传统的技术，具有低成本、低风险等优越性，但效率相对较低，还会因燃烧不充分而污染环境。锅炉燃烧采用现代化的锅炉技术，适用于大规模利用生物质；垃圾焚烧也采用锅炉燃烧技术，但由于垃圾的品质低及腐蚀性强，对技术水平和投资的要求高。通过技术改进，生物质直接燃烧的能效已显著提高，直接燃烧的能效已达30%(如丹麦的Energy 2秸杆发电厂，瑞典的Umea Energy垃圾热电厂)。美国生物质直接燃烧发电约占可再生能源发电量的70%，2004年美国生物质发电装机容量为9799MW，发电370kWh，见图1-9举例。

(*a*)

(*b*)

图1-9 美国生物质直接燃烧发电厂举例
(来源：American Ref. Feul Comp.)
(*a*)Connecticut；(*b*)Baytown Texas

1.6.2.2 生物质固体燃料生产

生物质烘焙成型燃料技术是生物质在200～320℃、常压缺氧条件下的热化学处理过程。在此过程中，生物质原料中所含水分和多余的易挥发份被去除，生物聚合物(lignocellulose)(包括纤维素、半纤维素和木质素)部分地裂解为各种挥发份。最终成品仍为固态、干燥、呈黑色的材料，人称"生物煤"。再经压实成生物质颗粒(pellets)或小团(briquettes)状燃料。其优点是：

(1) 能量密度几乎成倍增长，减少运费；

(2) 组分更均匀；

(3) 疏水性使易储存；

(4) 消除一切生物活动，停止生物分解；

(5) 改善磨损性，便于与煤混燃(co-firing)。

瑞典的生物质成型燃料已广泛应用于供热和工业锅炉。瑞典还开发了生物质与固体垃圾共成型燃烧技术，解决了垃圾燃烧有害气体二恶英(dioxin)超标问题。至2009年，瑞典超过30%能源来自生物质和木质颗粒燃料，已经超越石油。

1.6.2.3 生物质固体燃料与煤混烧技术

生物质固体燃料(多与煤粉)混烧(co-firing)技术，经济、高效、应用具灵活性还可以降低燃煤电厂NO_x的排放。图1-10给出直接和间接生物质固体燃料与煤粉混烧原理框图。

如图所示，生物质固体燃料与煤粉混烧可分为直接混烧和间接混烧两种：

(1) 直接混烧：经生物质固体燃料与煤直接预混合及磨机破碎后共燃混烧，如图1-10路径1和5。

(2) 直接混烧：预先经磨机破碎的生物质进入煤燃烧系统或者燃烧器，如图1-10路径2和3。

(3) 间接混烧：用一个生物质气化器将固体生物质变成清洁的燃气进入煤燃烧系统或者燃烧器，如图1-10路径4。

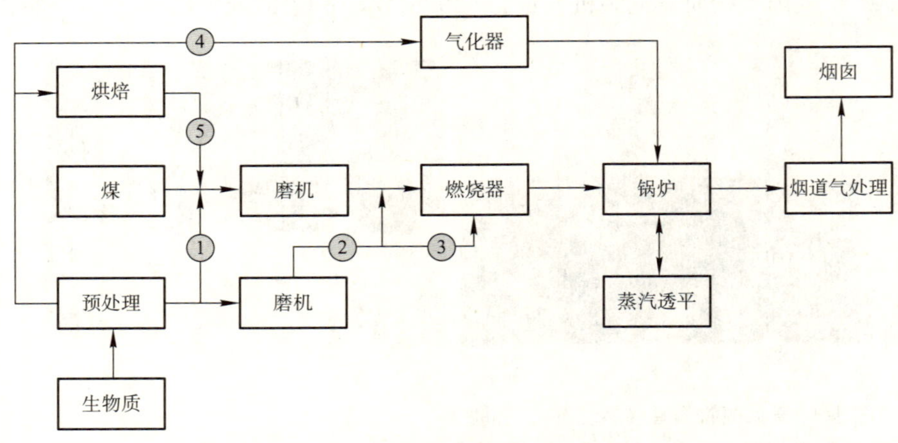

图1-10 直接和间接生物质固体燃料与煤粉混烧原理框图
(来源：IEA Task 32)

直接混烧是简单、便宜、最普通的共燃方式，破碎可以与煤共用磨机或分开。燃烧与生物质特性有关。

间接混烧的优点是：适合更广生物质燃料范围；便于燃气净化去除杂质和污染物及腐蚀性颗粒。

1.6.3 生物质液体燃料

图 1-11 基于生物质热解的燃料油
(来源：Metso)

液态生物质包括液态混合汽油、柴油的生物燃料和其他液体生物燃料，但不包括混有液态生物燃料的全体积的汽油和柴油。

生物汽油包括生物乙醇(bioethanol，由生物质和/或废物中可生物裂解那部分生产出的乙醇)、生物甲醇(biomethanol，由生物质和/或废物中可生物裂解那部分生产出的甲醇)、生物乙基叔丁基醚(bioETBE，ethyl-tertio-butyl-ether，生产基于生物乙醇；作为燃料按照体积百分比计是 47%)以及生物甲基叔丁基醚(bioMTBE，methyl-tertio-butyl-ether，生产基于生物甲醇；作为燃料按照体积百分比计是 36%)。

生物柴油(Biodiesels)包括达到柴油质量的生物柴油——甲酯(methyl-ester，由动植物油生产)、生物二甲醚(bio-dimethylether，由生物质生产)、费托工艺(Fischer-Tropsch，FT，由生物质经费托工艺生产)、冷压生物油(cold pressed bio-oil，仅由油种子机械加工而成)以及其他加入或混合直接作为运输柴油的液体生物燃料。

其他生物液体燃料指没有被生物汽油和生物柴油所涵盖的生物液体燃料。

利用海藻作为生产生物液体燃料近年来特别引人瞩目。利用海藻作为生产生物液体燃料有如下要点：

(1) 藻类可以在大范围室外养殖和收获。

(2) 藻类生物质含有一定百分比的脂类，尽管不必所有都以三酸甘油酯(triacylglycerides，TAGs)形式出现。

(3) 海藻油可以借助已知手段从生物质获得，尽管有些需要最佳产地、花费和热动力学效益。

(4) 在非商业范围内，从海藻油已经生产出生物柴油——脂酸甲酯(fatty acid methyl ester，FAME)、氢化衍生可再生柴油(hydrogenation-derived renewable diesel，HDRD)以及合成喷气机燃料。

1.6.4 生物质气体燃料

气体生物燃料包括沼气、生物质气化、生物质制氢等技术，以及沼气净化后作为运输燃料 GtL(Gas to Liquid Fuel)。

1.6.4.1 沼气

沼气是指有机物质(如作物秸秆、杂草、人畜粪便、垃圾、污泥及城市生活污水和工业有机废水等)在厌氧条件下，通过种类繁多、数量巨大、功能不同的各类微生物的分解代谢，最终产生的以甲烷(CH_4)为主要成分的气体，此外还有少量其他气体，如水蒸气、硫化氢、一氧化碳、氮气等。沼气发酵过程一般可分为三个阶段，即水解液化阶段、酸化阶段和产甲烷阶段。沼气发酵包括小型用户沼气池技术和大中型厌氧消化技术。

1.6.4.2 生物质气化

生物质气化技术已有一百多年的历史。1883年诞生了最早的气化反应器，它以木炭为原料，气化后的燃气驱动内燃机，推动早期的汽车和农业排灌机械产业的发展。欧美等发达国家自20世纪70年代以来相继开展了生物质气化技术的研究，达到了较高的水平。近期的研究主要集中于将生物质转换为高氢燃气、裂解油等高品质燃料，并结合燃气轮机，斯特林发动机、燃料电池等转换方式，转换为电能，为21世纪的电力供应作技术储备。

国际上在生物质气化方面的发展趋势则是在气化得到合成气(syngas)的基础上，再经FT(Fischer-Tropsch)合成得到生物柴油或化工产品，仅利用FT合成过程的废气驱动燃气透平发电，而不是专门把气化气用来发电。

1.6.4.3 生物质制氢

氢气是一种可再生、高热值的清洁能源，在燃烧时只产生水作为产物，而不产生氮氧化物、硫化物和颗粒等大气污染物或二氧化碳等温室气体。

近年来随着氢气贮存技术(如氢化物合金)和燃料电池技术的迅速发展，氢气的制取和利用日益受到重视，被认为是一种最有潜力的替代能源。美国前总统布什在2005年的新年演说中专门提到发展氢燃料汽车。目前，世界上几乎所有大的汽车制造商都研制推出了以氢为动力的汽车。

1.6.5 第二代生物质能源

第二代生物燃料由含纤维质的材料制成，人们口头上称其为“Grassoline”。第二代生物燃油解决了粮食制油所遇到的问题。Grassoline原材料来源十分广泛。截至目前，科学家已经找到了几十种合适的材料，如锯木、建筑残余、玉米秆、麦秆、牧草等。这些生物材料成本低廉、产量大并且对食品生产毫无威胁。美国农业部和能源部的一份研究表明，在不影响粮食供应、粮食出口以及动物饲料生产的情况下，美国每年能生产至少13亿吨干纤维质生物材料。如此大量的生物材料每年能制成1000亿桶“草制燃油”——大约是美国目前汽油、柴油年消耗总量的一半。

尽管该领域才刚刚起步，但是许多实验工厂都已经开始运行，而且首个商业规模的精炼厂计划将于2011年问世。科学家预计，“Grassoline”的时代即将到来。

在本册丛书中，将集中介绍与提供建筑小区热能和电能密切相关的生物质能源技术。最新发展的新一代生物质能源技术和作为里程碑标识的生物质能源技术也会予以足够的篇幅和内容。

主要内容为：

(1) 沼气(第2章)；

(2) 生物质气化(第3章)；

(3) 生物质制氢和燃料电池(第4章)；

(4) 生物质固体燃料混烧技术(第5章)；

(5) 生物质液体燃料(第6章)。

2 沼　　气

沼气(biogas)是有机物质在厌氧条件下，经过微生物的发酵作用而生成的一种可燃气体。由于这种气体最先是在沼泽中发现的，所以称为沼气。

2.1 引言

直至19世纪末，大部分商品是植物制品。即便1870年发明的第一个塑料“赛璐珞”(Celluloid)也还是从棉花中抽出的纤维。1920年全美国70%的能耗由煤供应。最后，世界交通运输的能源越发依赖石油。

1970年代的石油危机使出口西方世界的石油锐减。截止1969年，石油还是50美分一桶；到1981年，一桶石油变成36美元。这激励西方国家寻找石油的替代品。1990年代的海湾战争更加剧了这一进程。

生物科学技术的进步给予工程师们更多机会提高从植物产出工业品的质量；同时大大降低了生产成本和消耗。举例来说，工业酶的生产成本从1975年到1990年降低了75%。

20世纪80年代，碳水化合物的繁荣加速提升了人们的环境意识，并且给予对全球气候变暖应对措施的强大科学动力。发达国家致力稳定大气层，将世界范围内减少CO_2排放到1990年水平的60%。

很多国家努力改变电力工业的能源结构，如美国、英国策划可再生能源分散发电；瑞典和德国甚至分期实现指标。可再生能源中最丰富多彩的当数由能量庄稼或家庭废物生产的生物质能。这一技术将它们和农场与城市污水一起变成沼气。进而同时解决上述几个高度紧迫的问题。

2.2 沼气的产生

2.2.1 沼气产生的原理

沼气是在缺氧条件下细菌降解生物材料的产物，称厌氧菌致分解(anaerobic digestion，AD)。厌氧菌致分解原则上可以是仅经几个步骤的简单过程，以任何有机材料为基底，发生在发酵系统、沼泽、垃圾堆、腐败物容器和极圈冻土带。图2-1给出厌氧发酵产生沼气系统的工作原理简图。

通常的厌氧菌致分解(AD)是一个“液态”的过程，即AD处理生物废物与水的混合物。当然，“固态”处理也是可能的，发生在填埋现场。鉴于沼气的主要成分甲烷很难压缩成液体燃料(耗费能量且有易爆危险)，气态存储和使用于加热发电很方便。

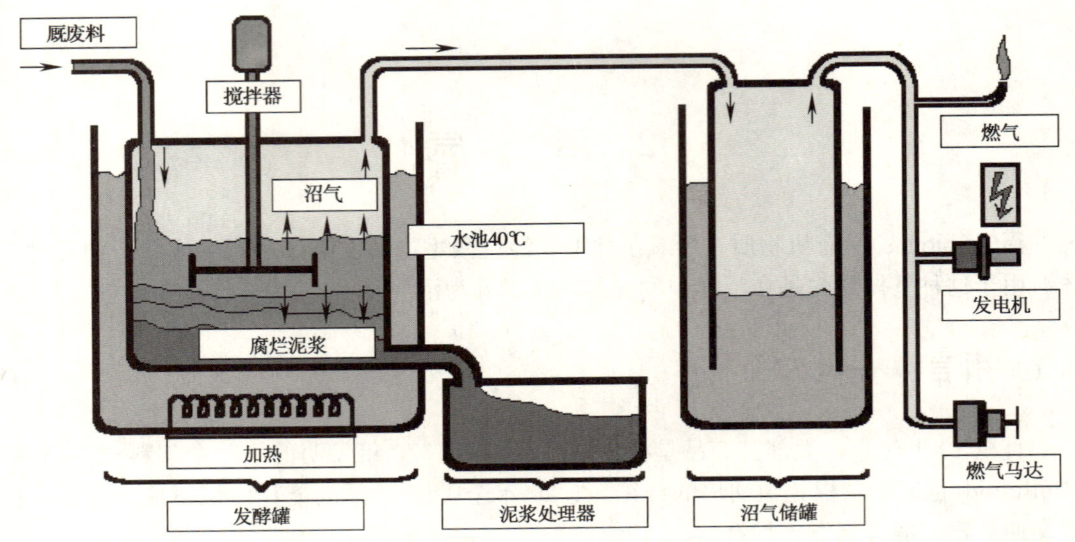

图 2-1　沼气发酵系统运行原理简图

2.2.2　沼气产生的条件

沼气发酵是一个复杂的微生物化学过程：微生物数量大，种类多。因此，只有提供沼气发酵微生物最佳的生存条件，才能获得较多高质的沼气和沼肥（digestate）。

2.2.2.1　沼气发酵用微生物和步骤

在沼气发酵过程中，不同种类细菌共生在 AD 的不同阶段发挥不同的功能。在厌氧菌致分解的不同阶段，共有四种基本类型微机制先后涉及：

（1）水解细菌(Hydrolytic bacteria)将复杂的有机废物进行体外酶解，生成能溶于水的单糖、氨基酸；

（2）发酵性细菌(Fermentative bacteria)将简单的，溶于水的单糖、氨基酸小分子化合物吸收进细胞内，变换为乙酸、丁酸等有机酸；

（3）生酸微机制(Acidogenic microorganisms)然后将有机酸变成氢、二氧化碳和乙酸盐等；

（4）产甲烷细菌群(Methanogenic bacteria)从乙酸、氢和二氧化碳中生产甲烷。

2.2.2.2　生产沼气主要条件控制

1）严格厌氧：对氧气和氧化剂非常敏感，在有空气的条件下就不能生存或死亡。

2）温度：为保持细菌群的活力，温度至少应高于 20℃，短期用于高温可至 65℃，能减少对发酵罐体积的要求 20%～40%之多。然而，高温沼气发酵过程易于温度波动；成功的运行则要求更严密的监控和维护的不懈努力。

3）适当的酸碱度：pH 值 6.8～7.5 为妥。

2.2.3　厌氧菌致分解产生沼气的主要环节

由厌氧菌致分解产生沼气的过程是由生物质，比如快速生长的谷物，经选择的家庭和农场废弃物包括淤浆和污水沉淀物，在无空气条件下经微有机物转换成气体可以供燃气透平机、内燃引擎或者斯特林引擎发电产热，剩余物可作有机肥料。

这种煤气化有一系列优点：

(1) 对于一个可观的范围内发电能力相对高效；

(2) 自身就导致热电联产；

(3) 鉴于小气流和传统的化石燃料发电相比几乎没有 CO_2 排放；

(4) 实际上消除了秽味、甲烷和一氧化二氮的释放；

(5) 减少掩埋负担；

(6) 保护了地下水；

(7) 支持减少温室气体排放的京都议定书。

几乎任何生物质均可以借助厌氧菌致分解生成可再生能源，比如从家庭、超市、工业和农场收集的剩弃食物、能量谷物、淤泥浆、粮食残渣等。然而木质生物质目前尚不适用，因为微有机物机制还无法攻克坚硬的木质素。

图 2-2 给出了厌氧菌致分解产生沼气的流程图，并且给出主要环节：6000 加伦活塞流厌氧菌致分解器(左下)；每天从养牛场(中下)自动集取 1000 头牛的粪便生产沼气供小型热电厂(右下)。

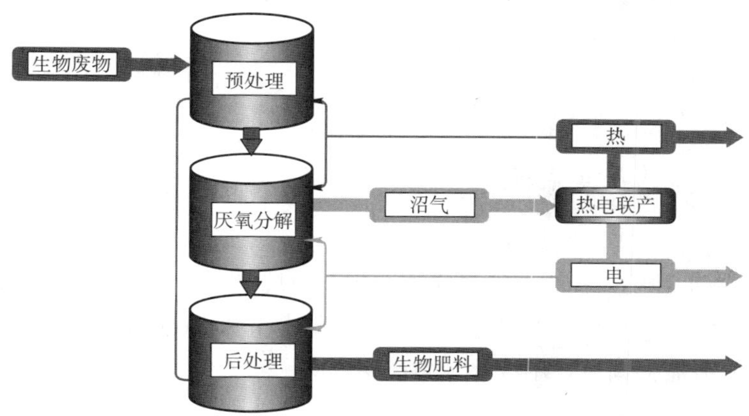

图 2-2 厌氧菌致分解产生沼气的流程图以及主要环节
(来源：eXtension, US & Anaerobic Digestion and Biogas Association, UK)

当然，这一技术仍然在不断研究改进之中。

2.2.4 由农场泥浆产生沼气

英国海滨 Dorset 镇农民 Owen Yeatman 在他的农场建立了英国第一个农场泥浆产生沼气发电产热工厂。图 2-3 描绘了这一农场泥浆产生沼气发电产热的工厂框图。利用农场粪肥产生沼气，可产生超过总能量的 20%。

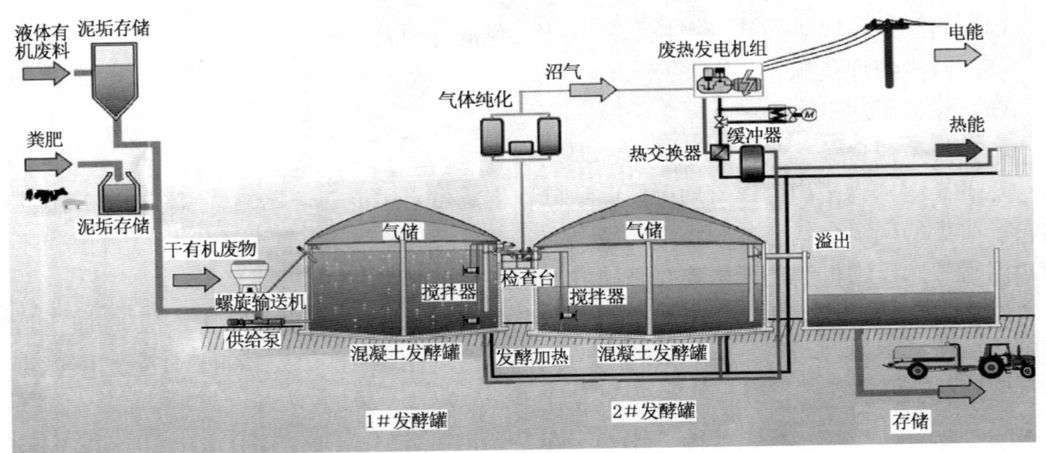

图 2-3 英国第一个用农场泥浆产生沼气发电产热工厂
(来源：BIOGAS NORD)

2.2.5 由能量作物产生沼气

2.2.5.1 能量作物产生沼气的发展

由专门植物生物质，称为"能量作物"生产甲烷(生物甲烷)的想法早在 80 年前(美国 Buswell)就有了。1980 年，新西兰 Stewart 描述了采用燕麦、草和麦秸产生 170～280m^3/t沼气的潜能。以后，用淡水水藻产生 150～240m^3/t 沼气得以实现。

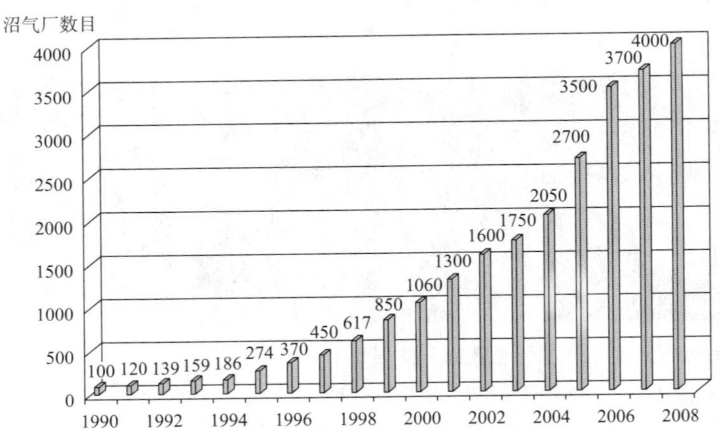

图 2-4 1990～2008 德国沼气厂的数量增长
(来源：Weiland)

实际上这一过程的实现并非易事。然而，随着油价的飙升和生产生物甲烷条件的改善，自 1990 年以来，“能量作物”生产甲烷的研究和发展日盛。在德国，1990 年“能量作物”生产甲烷的发酵器(简称沼气厂)的数量从 100 渐升至 2008 年的 4000，见图 2-4。

在德国“能量作物”生产甲烷的发酵器数量的增长(奥地利类似)得益于欧盟国家在法律和税收政策上的支持。其他欧盟国家如瑞士、瑞典、法国、英国对可再生能源均有税收政策的支持。

2.2.5.2 能量作物产生沼气技术要素

下表 2-1 罗列报道了各种植物和植物材料经发酵器生产甲烷的量，依每吨挥发性固体能产沼气计量，m^3/t。

报道的各种植物和植物材料经发酵器生产甲烷的量 **表 2-1**

每吨挥发性固体产沼气量（m^3/t）			
玉米（整株）	205～450	大麦	353～658
小麦（粒）	384～426	小黑麦	337～555
燕麦（粒）	250～295	高粱	295～372
黑麦（粒）	283～492		
牧草	298～467	紫花苜蓿	340～500
三叶草	290～390	苏丹牧草	213～303
红苜蓿	300～350	里德金丝雀草	340～430
苜蓿	345～350	黑麦草	390～410
大麻	355～409	荨麻	120～420
亚麻	212	巨芒草	179～218
向日葵	154～400	大黄	320～490
菜籽油菜	240～340	萝卜	314
洋蓟	300～370	羽衣甘蓝	240～334
豌豆	390		
马铃薯	276～400	谷壳	270～316
制糖甜菜	236～381	禾秸	242～324
饲料甜菜	420～500	叶	417～453

按照同一原理，由“能量作物”发酵生产沼气主要技术过程集中在 6 个步骤：

(1) 能量作物收割和作为基底的预处理；

(2) 基底的储存；

(3) 配料；

(4) 发酵；

(5) 沼肥的处理、存储和应用(如不恰当，对土壤和地下水不利)；

(6) 沼气的处理、存储和应用。

表 2-2 列出可广泛计算甲烷产量的 5 种作物每公顷纯能量产出和输出/输入比。

5种能量作物每公顷纯能量产出和输出/输入比　　表2-2

	玉米	马铃薯	饲料甜菜	菜籽油菜	黑麦
甲烷产量 (m^3/hm^2)	9.886	10.258	9.450	1.442	814
(MJ/hm^2)	353.919	367.236	338.310	51.623	29.141
发酵过程能量需求	−53.088	−55.085	−50.746	−7.745	−4.371
种收过程能量需求	−16.800	−24.200	−20.350	−16.800	−16.800
总能量需求	−69.888	−79.285	−71.096	−24.545	−21.171
纯能量产出	284.031	287.951	267.214	27.078	7.970
输出/输入比	5.1	4.6	4.8	2.1	1.4

(以上表资料来源：IEA)

2.2.5.3　能量作物产生沼气前景

最近文献报道估计：到2030年，欧洲生物质能源可达6EJ；与环境和谐共存的农业能源生物质用地可达50%，即19000000hm^2。

依平均每公顷150GJ计，若10%可耕地可由"能量作物"发酵生产甲烷沼气，全球提供21EJ，欧洲4.5EJ。

尽管厌氧菌致分解产生沼气可以对可再生能源作出实质贡献，但是仍然不能作为生物质能的主要来源。

2.3　沼气的应用

沼气属于可再生能量承载者，由细菌分解有机物而生成。这些有机物可以是植物残渣、动物排泄物和垃圾等；特别是由农产品产生的沼气——采用腐烂种植物为原材料经光和空气隔离的掩埋处理。沼气应用设施除了提供产生能量的可燃性气体，还能有高质量的肥料。

生物能的主要优点在于不仅用可再生能源替代将枯竭的化石能量承载者；而且减少CO_2和其他温室气体排放对大气层的冲击。

然而，以种植物为原材料生产生物能的主要缺点在于：巨大土地面积需求，与自然土地竞争。种植能量庄稼，诸如玉米、油菜、甜菜、谷物、木头等来产能，在生态上是不明智的。

这种厌氧裂解要求在光和空气隔离条件下一种微生物分解剂拆散有机物(生物质)。因为沼气生产过程是甲烷-发酵进行，最终产品主要是甲烷(CH_4)。

2.3.1　生物质抗热水蒸气化(变形)

在抗热水蒸气汽化过程中，生物质以总体分子式CH_nO_m与水蒸气(H_2O)构造成合成气体：30%～40%由氢，20%～30%由一氧化碳(CO)组成：

$$CH_nO_m+(1-m)H_2O \longrightarrow (\frac{n}{2}+1-m)H_2+CO$$

与此同时并行进行的反应生成10%～20%的二氧化碳(CO_2)，5%的甲烷(CH_4)以及

20%～30%水蒸气和少量 n 阶碳氢化合物，即沥青。

沼气是有机物经微生物厌氧消化而产生的可燃性气体。沼气是多种气体的混合物，一般含甲烷 50%～70%，其余为二氧化碳(35%)和少量的氮、氢和硫化氢等。由于其良好可燃性，可以驱动马达还能发电用。在甲烷燃烧过程中，燃烧生成二氧化碳和水。因为甲烷不能抵达大气层，故不会对气候有损害。能抵达大气层的仅是废气二氧化碳。二氧化碳可以借助光合作用被植物吸收以利细胞生长。

为了利用源于生物的能量承载者，最直接的是作为固态燃料，比如说经昂贵的净化直接在柴油车上作驱动燃料。为此，从能量使用和花费合理的角度思考，恰当的应用渠道十分必要。

在机动车辆领域，如同现今由燃料驱动一样，将来经电池或者燃料电池电力拖动，在传输功率和应用范围的提高值得期待。

生物源能量承载器可以分为：

(1) 固体沼气能量承载器；

(2) 液体沼气能量承载器作为静止应用场合；

(3) 作为可再生能源混合体的沼气技术。

2.3.2 用于发电的沼气

建筑物对电能的需求在将来也不会改变。然而，增加制冷设施和通信设施通过节省电器和照明电耗以及房间内部自动控制得以补偿。于是，会要采用很多传感器、执行器和控制器。与此同时，光-伏发电设施应用系统也会增加。

另一方面，电力系统采用更多可再生能源发电和基于燃料电池以及微燃气透平的分散电热联产日渐成效。而基于农业的生物质发电在过去一些年主要集中在沼气生产的研究开发上。生物质经微生物厌氧消化而产生的可燃性气体达 55%甲烷的可燃沼气；并且应用到 BHKW(Blockheizkraftwerken)——采用沼气、垃圾填埋气体、煤矿瓦斯及工业废气等为燃气的热电联产机组，工作燃烧。在此过程中仅仅 40%燃烧能量用以发电，其余能量以热的形式供应远程热。

按照种植原料专业协会(Fachagentur Nachwachsender Rohstoffe，FNR)的计算：1ha 土地生产的甜菜、草、谷物或玉米可产 16MWh 电能。图 2-5 描绘了沼气发电应用设施系统的框架。

除了发电的用途，沼气对氢-能源经济亦有重大意义。电和氢，可以由几乎所有原始能源生产出来，并且对于将来的静止、移动和便携式应用情形普遍适用。这里，氢作为能量存储器对于可再生能源技术上更大规模上的应用起到关键作用。

BHKW——采用沼气、垃圾填埋气体、煤矿瓦斯及工业废气等为燃气的热电联产机组。

2.3.3 植物油和干馏木煤气

在采用沼气作为燃气的热电联产机组(BHKW)，其最终阶段由带有热转换的燃气马达和相联结的发电机组成。依据沼气的能量所含，BHKW 产生大约 30%作用度的电能和大约 60%作用度的热能。

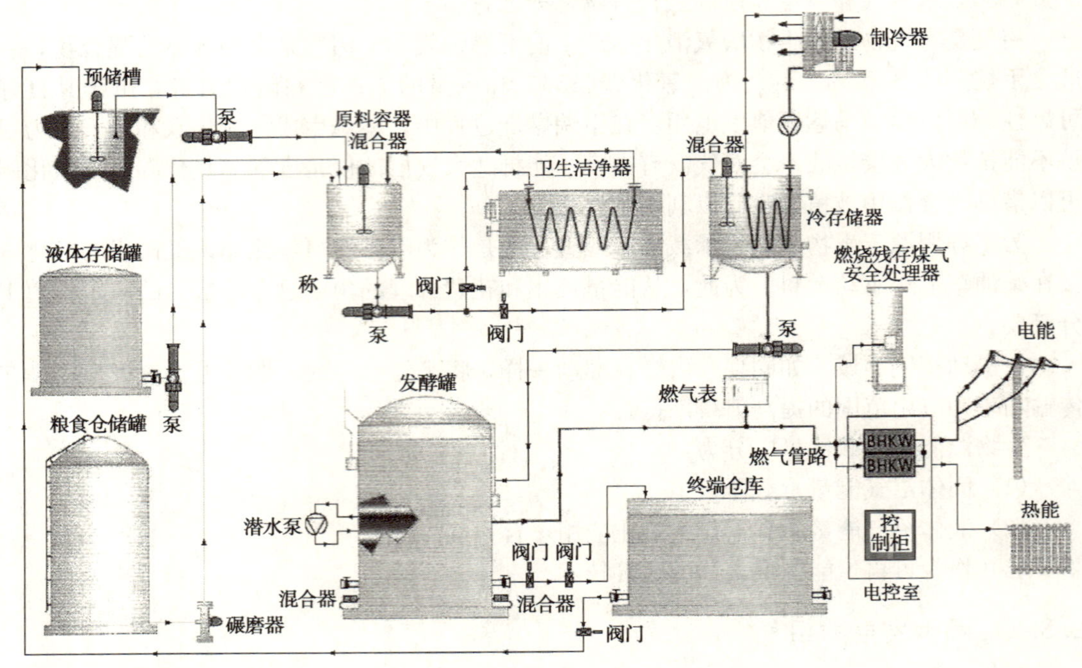

图 2-5　沼气发电应用设施系统一览
（来源：DEHN + SöHNE）

2.3.3.1　利用植物油的 BHKW

另一个花费工作时间更少的 BHKW 方法是利用植物油。这种 BHKW 的具有两个变量值得考虑：

（1）“以发电为主导”的 BHKW 方法：此种利用植物油 BHKW 的运行一切围绕发电，产热仅作为副产品。

（2）“以产热为主导”的 BHKW 方法：此种利用植物油 BHKW 的运行一切以供应居民区或者生产厂房取暖为第一位，发电作为副产品。

2.3.3.2　利用干馏木煤气的 BHKW

还有一个 BHKW 方法是利用干馏木煤气作为燃气的热电联产机组。

干馏是在隔绝空气的条件下，对木材加强热使之分解的一种加工处理方法。干馏后，原料的成分和聚集状态都将发生变化，产物中固态、气态和液态物质都有。对木材干馏可得木炭、木焦油、木煤气。

利用干馏木煤气作为燃气的热电联产机组就与采用沼气作为燃气的热电联产机组工作类似，仅从干馏气化釜中引出木煤气来替代沼气。沼气中主要可燃气体是甲烷(CH_4)；而木煤气主要可燃气体是一氧化碳(CO)。

2.4　沼气设施的雷电保护和过电压保护

沼气设施的设备安全和运行可靠，应当自设施的设计阶段就予以详细慎重考虑。除了

其他关于安全的考量和预防措施之外，事关沼气设施的雷电保护和过电压保护的运行参数应当特别引起注意。

沼气设施设备的功能，鉴于其建构类型，大面积扩张，位置以及电气测量、控制和调节技术的介入的不同情形通过雷电和过电压的出现遭到损害。

雷电保护的必要性出自于《运行安全规则》(Betriebssicherheitsverordnung，BetrSichV)以及关于爆炸危险区的定义。《运行安全规则》(BetrSichV)还引用了《设施监督条例》(Gerätesicherheitsgesetzes，GSPG)第2节2a款的规定。

对此尚有BRG104关于农业沼气设施安全条理的叙述(E2段)：避免爆炸危险区易燃火源以及执行禁止爆炸危险区易燃火源的措施。

《运行安全规则》(BetrSichV)还明确规定业主的义务和职责：坚决执行明晰宣讲、检查和评估爆炸危险运行现场易燃因素。

基本上说，沼气设施作为一个有爆炸危险的场所。如若雷电袭击发酵罐或者沼气设施中的其他设备可能导致对人身和环境巨大危险和伤害。危险也同样可能存在于沼气的获取、应用、运输或再加工各个环节，比如：

1）易燃气体与空气混合爆炸；

2）通过有侵蚀性的沼气成分(如氨、硫化氢)的腐蚀；

3）形成火灾。

因为沼气设施运行时沼气存储器和发酵罐附近必须考虑到有爆炸危险的易燃气体与空气混合，基于众多规范、导则和规定(特别是DIN 62305-3附录D.5)的雷电保护系统必不可少。图2-6所示为沼气设施接地系统网络简图。

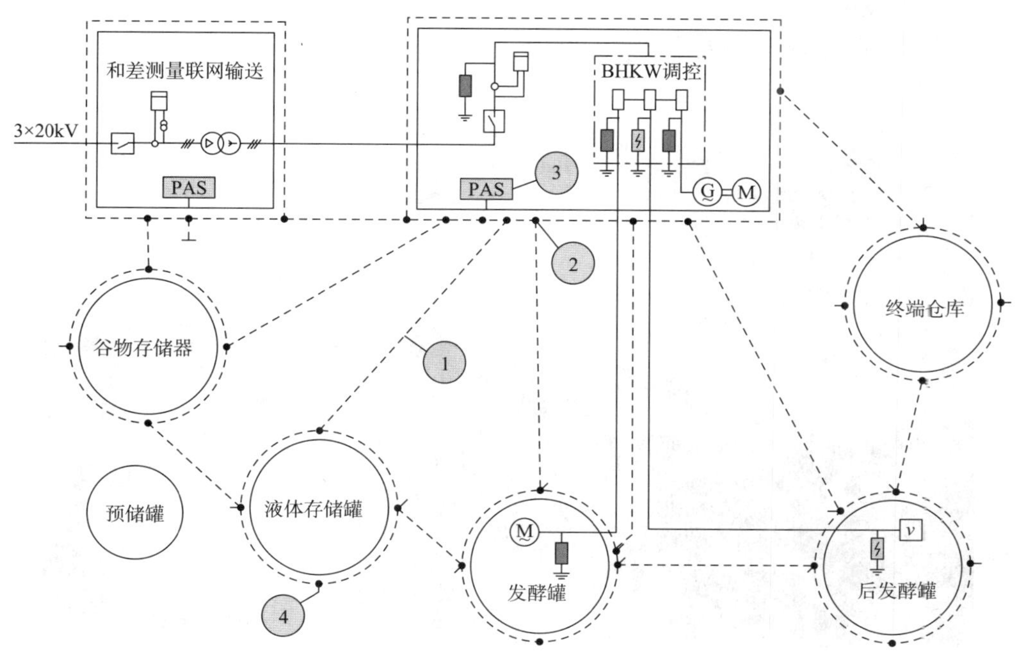

图2-6　沼气设施接地系统网络
(来源：DEHN+SöHNE)

在设计的前期准备阶段，根据时间相关的特殊空气气氛定义的特别区(0 级、1 级、2 级区)实施危险评估。这些危险评估也是现场安装设备的规定条款并且减少管道连接的干扰量。

雷电保护区(LPZ)是受外防雷保护系统同时通过有源和无源电势平衡影响的。

外防雷保护通过接地设施而完整化。这里，接地设施的设计与截获及传导设施相反，与实现了的措施无关。BKHW 的控制室也必须列入这个联结网络的接地设施之中。

接地设施还要注意：当沼气发电设施这作为一 TN 系统(星型(Y)联结的低压变压器星点接地)的替代时，借助自动控制开关供电电源的接地保护不允许取决于公共供电系统的接地设施运作。此时，必须安置独立的接地。

至于沼气设施的雷电保护和过电压保护，请读者参阅本丛书第三册《建筑可再生能源的应用(一)》第 7.5.2 节——建筑物太阳光-伏模板安装防雷保护。

2.5 沼气设施的质量认证

在德国质量认证研究所范围内包括质量认证。质量认证证书由知名企业授权颁发。

德国技术监督协会的 Thüringen 分会(TÜV-Thüringen)开发了沼气设施的安全、可靠、经济运行质量认证鉴定程序。

所有沼气设施的运行和生产厂家必须遵循并满足这程序和相应法律要求，才能获得认证。

2.6 带有有机物朗肯循环耦合的沼气发电机

沼气燃气发电机与有机物朗肯循环(Organic Rankine Cycle，ORC)的组合在 2009 年 4 月实现并网运行。此时，一台电功率 500kW 燃气电动样机介入有机物朗肯循环。电机废气还可以附加产电 60kW。

图 2-7 沼气燃气发电厂

(来源：WSK Energie-und Umwelttechnik GmbH)

从一个废气热交换器赢得的热量借助一中间热力学油循环(一种有机工作介质)在一个膨胀皿中汽化，用于发电。根据过程温度的不同作用度可达 50%。这种间接传热应当保证不超过有机工作介质最高可靠工作温度。另外，尽可能地利用耦合的热量。

目前 WSK 已经接受 8 个订单，绝大部分属于沼气发电。

2.7 沼气和燃料电池

2.7.1 大面积应用沼气的技术进步——与燃料电池组合

产热发电用燃料电池需要氢。因为纯净氢在大自然并不存在，必须由其他能量承载者产出，比如说天然气，当然也可以是沼气。

沼气由潮湿有机材料经发酵生成，在化蚀过程中其主要成分水、二氧化碳和甲烷生成到位。此时将水及二氧化碳清除干净，可把沼气输入天然气管网中。这时候，生成沼气-天然气。

燃料电池再次用到与甲烷相联系的氢。依这种方式，沼气可以用作为燃料，比如维持建筑物供暖和供电的一部分。如今，大面积应用沼气的技术进程正将其与燃料电池组合进行样板项目实验阶段。

2.7.2 沼气和燃料电池组合应用项目举例

在德国 Leonberger，两座区域发电厂(Blockheizkraftwerke，BHKW)有生物废料发酵设施，最近还有燃料电池将沼气转变成电能和热能。

从污水净化出来的污水沉积物的处理变得越来越困难，而且成本越来越高。污水沉积物处理所占用土地日益扩张甚至占用到农田，法律上已经予以严格限制。在很多地方，换一个作法是采取焚化处理菌致分解后的沉淀物。

作为回收再循环系统的一部分，德国政府确保了一个固定沼气收购价格。沼气作为污水沉积物菌致分解的主要可再生产品，借助于区域热电站将能量转换汇入公共电网。尽可能大量地将有机废物变成沼气，无论是生态上还是经济上都可算作取代焚化处理的明智之举。

德国夫琅和费界面工程和生物技术研究院(Fraunhofer Institut für Grenzflächen-und Bioverfahrenstechnik，Fraunhofer IGB)成功地采用微有机物(细菌)高速率地将污水沉积物变换成沼气。

通常市政污水沉积物分解在卵型分解塔中进行，滞留时间达 20～30 天。其有机体积负荷为每 1m^{3}每日 1kg 干有机物质。显然，效率低下，很不经济。

夫琅和费界面工程和生物技术研究院的方法比起通常市政污水沉积物分解处理方法快速、高效并且占用体积小得多。其优点集中在如下方面：

(1) 滞留时间短，即便高固体比率也仅滞留 5～10 天，有机体积负荷为每 1m^{3}每日 8～10kg 干有机物质；

(2) 分解器体积小，仅为通常市政污水沉积物分解处理方法卵型分解塔的 1/15；

(3) 产生沼气多：每公斤干有机物产 0.6m^{3}沼气，可供发电或商业交易；

(4) 减少有机物需求 50%～70%，剩余物亦减少 50%～70%，因此更经济；

(5) 操作稳定，不再有泡沫发生。

自1994，从夫琅和费界面工程和生物技术研究院到在Leonberger实际生产，图1-6给出外观(左)及双阶段(two stages)菌致分解框图(右)。

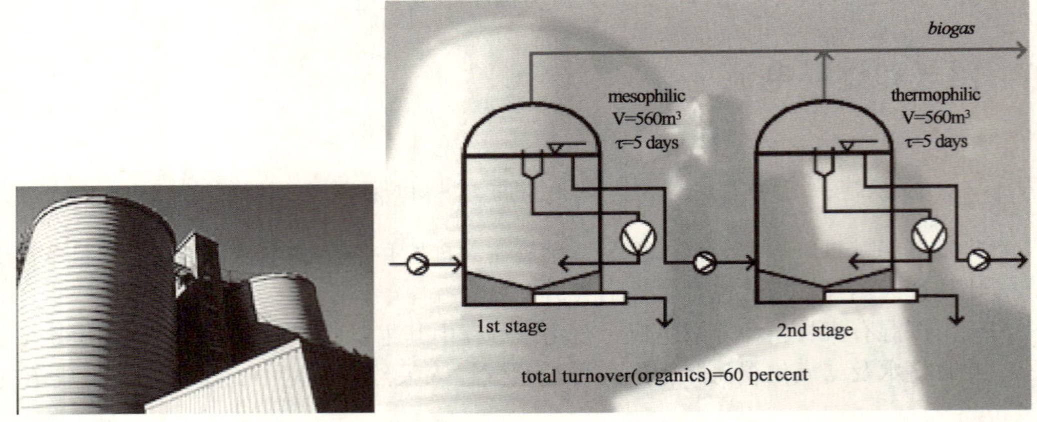

图2-8 Leonberger高性能双阶段菌致分解热电厂
(来源：U. Schließmannl & W. Trösch)

在Leonberger的发酵设施，由高温燃料电池《热模型(HotModule)》的居民家庭绿色有机(生物基调)垃圾产生的沼气作为燃料，驱动热电联产设施(Kraft-Wärme-Kopplungsanlagen，KWK)。发电联网能获得0.15kW/h的回报；产热供腐化分解塔加热以及发酵剩物干燥处理用。

沼气的产生过程是：家庭绿色有机垃圾先捣碎、过筛除去金属物块；然后把此泥糊状与发酵剂混合；逗留平均3星期后进发酵塔发酵，温度控制在55℃，可产生包含50%～75%甲烷的燃气；在腐化分解塔中，发酵剩物干燥处理后成肥料。一座容积780m³的气存储罐可以调节生产和需要间的不平衡。

在2006年8月，这种高温燃料电池试运作，同年10月正式运行。尽管负荷在60%～100%之间波动，也还提供了250000kWh的电能。

2.8 沼气远程运输

2.8.1 远程输送气体净化准备工作和设施

要想将沼气向再远的距离输送，花费昂贵的气体净化准备工作必不可免。这种准备依几步进行：

(1) 去除固态和液体成分；

(2) 气体干燥；

(3) 脱硫；

(4) 进一步去除有害或干扰物质，如硅和碳的氢化物质。

德国ESSEN市Siloxa AG公司的沼气气体净化准备工作具体安排如下：沼气从发酵

罐温度 30～35℃流入由频率控制的侧通道凝结器。由于此处压力提高到 150mbar，沼气的温度提高约 24K；随后气体干燥又致使温度再冷至约 4～6℃。历经这样一个过程，凝结的水蒸气在一个满容器-逆流蒸馏塔分开。沼气在 100%饱和状态中从蒸馏塔排出，水含量从 35～10g/m^{3}降至仅 6.5g/m^3。

这样，对于沼气由经活性炭过滤器净化以及远程传输而言，相对湿度大大减低。经过管道传输降低的沼气温度再升温至 60℃。

作为举例，图 2-9 描绘沼气净化准备工作所需部分重要设施。

(*a*)

(*b*)

图 2-9　沼气净化准备工作所需部分重要设施（一）

(来源：Siloxa AG)

(*a*)气体洗涤干燥器；(*b*)气体脱硫装置；

(*c*)

图 2-9 沼气净化准备工作所需部分重要设施(二)
(来源：Siloxa AG)
(*c*)活性炭过滤装置

2.8.2 沼气远程输送举例

2.8.2.1 在 Bersenbrück 沼气设施

在德国 Bersenbrückd 的沼气设施生产能力大约为 550m³/h。通过一条沼气远程管道使一家坐落在村镇游泳池边的地区热电厂(Blockheizkraftwerk，BHKW)得以运行。

这一沼气远程传输是基于不带凝结筒的 SILOXA 燃气干燥模式来设定铺管路线的：依据地形深处展开铺设。另外，沼气远程传输管线还在一水渠下穿过成为这一传输管线铺设工程的亮点。

图 2-10 给出此沼气远程传输管线地下水平斜穿过水渠的断面和平面图。

为选择铺设管线的路径，原则上应使路径尽量短，压力损失尽可能地小并且花费更低。地下铺设选用安装简单快速管线、质轻且安全可靠的 HDPE 管。管线铺设地下 1.5m，斜钻孔方法。

2.8.2.2 在 Steinfurt 和 Hollig 间沼气远程运输及分散使用

另一沼气远程输送的例子是在德国 Steinfurt 和 Hollig 间沼气远程运输。

从 2005 年起运行的 Hollig 沼气站特征：

(1) 青贮面积 5000m²；

(2) 2 个发酵罐每罐 1800m³；

(3) 1 座沼气存储罐 1500m³；

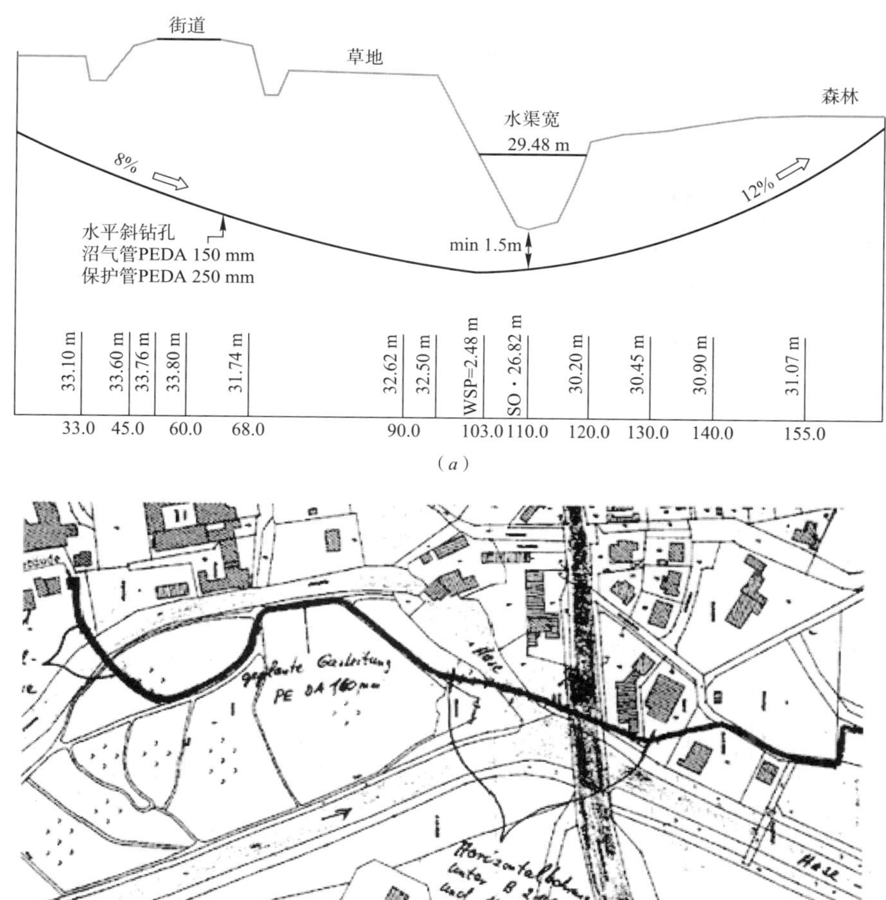

图 2-10 沼气远程传输管线地下水平斜穿过水渠断面和平面图

(来源：Siloxa AG)

(a)断面；(b)平面

(4) 1 个 Siloxa 气体干燥密封站；

(5) 1 座小型热电厂，电功率 347kW。

2.9 沼气技术新发展

如今，有一些新沼气技术继续改进并且又有报道新技术开发出来。这些新技术和传统技术的新发展主要瞄准降低厌氧发酵沼气技术的投资花费和运行成本。

技术新发展报告有如下特点：

(1) 低温 (cryogenic) 品质提升

利用截然不同的沸点或升华点分开不同气体特别是沼气当中的二氧化碳和甲烷。原始沼气制冷到二氧化碳凝结温度，二氧化碳气体变成液体或者升华部分固体；而甲烷依旧呈气态。

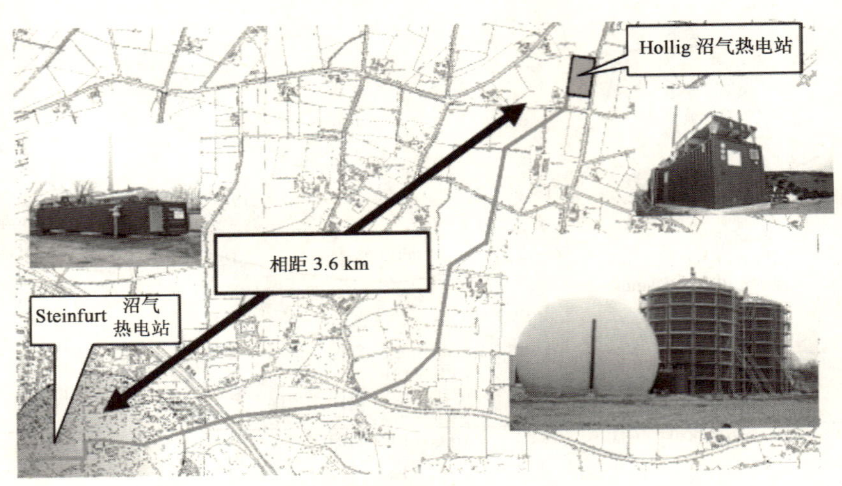

图 2-11 Steinfurt 和 Hollig 间沼气远程运输
(来源：Siloxa AG)

(2) 局地甲烷富集(situ methane enrichment)

二氧化碳可以某种程度地溶解于水。这样一来，二氧化碳可以在发酵罐中呈液相。经局地甲烷富集的过程，从发酵罐残淤泥浆经一个解吸附气体柱(desorption column)再返回发酵罐。在解吸附气体柱中，二氧化碳可以从残淤泥浆分解吸附泵出。采用这一措施能够提高沼气离开发酵罐时的甲烷含量比例。IEA 文献报告：这甲烷比率可达 95%；过程中甲烷损失仅 2%。

(3) 生态肺(Ecological lung)

这是一个过程：当有碳酸脱水酶(enzyme carboanhydrase)时，二氧化碳可以从沼气中分解出并去除。此种酶的生产成本尚高；过程的成活率还受制于一些因素，比如：固化碳酸脱水酶的成活寿命。

2.10 沼气技术应用举例——德国 Hellabrunn 动物园沼气设施

如图所示，德国慕尼黑 Hellabrunn 动物园圆桶型穹顶和绿化屋顶结构的建筑物部分安顿有发酵器、沼气存储器和工艺技术室等现代化设施装备。地区热电厂(Blockheizkraftwerk，BHKW)已经准备就绪集成为动物园的供暖中心。

为赢得沼气的原料是每年 2000 吨的动物园生物废料：植物质饲料剩余残渣、动物粪便。植物质饲料剩余残渣和动物粪便成为密封发酵器的基底。这里，借助密不透气和厌氧细菌进行发酵。此沼气设施共有 3 座发酵器，每隔 10 天轮次填充。

发酵过程所生成的沼气含约 50%～54%甲烷。发酵器的基底过了大约 30 天发酵就不再产甲烷。此时发酵器将被清空，将新基底填入。

所产沼气从发酵器吸出通过存储器再传到地区热电厂并导入现代化的 4 气缸燃气奥托电机(Ottomotor)。地区热电厂是热电联产，环境友好型发电的同时送出热能。

此热能供发酵器加热并且供动物园区域采暖用热。设施发电 240000kWh，供热

图 2-12　德国 Hellabrunn 动物园沼气设施（2010. 12. 1 摄）
（来源：www. tierpark. hellabrunn. de）

230000kWh。因为采用这一技术代替化石能源，减少 CO_2 排放 190t。

这样一来，连续供沼气得以实现：沼气在存储器中根据地区热电厂燃料需求随时调控。所产沼气在地区热电厂（BHKW）于一台带有电子拉姆达马达控制（Lambda-Motorsteuerung）现代沼气电机燃烧。

环境友好地发酵生成的沼气所产电能输送到慕尼黑城市电网。

3 生物质气化

可再生的生物质和由生物质衍生的燃料可以被气化进而产生富含氢的燃气或者氢。在生物质能量转换的安排体制中，生物质气化过程所产生的产品燃气基于特征的不同或是高附加值的副产品，或是氢气。鉴于化石能源已经开始枯竭，作为一个伸手可及的可再生燃料，生物质可以成为可持续发展能源这一成员众多的大家庭中非常重要的一员。除此之外，生物质气化的应用还可以促进缓和温室气体排放和固碳循环(carbon sequestration cycle)并且催生与农村经济发展息息相关的“绿色”工业。

由生物质产生的富含氢燃气或氢，很容易地就能用在现今主要由天然气或石油来导出氢的转换设施上；并且还可能用到先进的系统诸如燃料电池。

3.1 生物质气化概述

“生物质气化”指的是：生物质不完全燃烧导致产生可燃气体，包括一氧化碳（CO)、氢（H_2)、甲烷（CH_4）和不同碳氢化合物（C_mH_n）的混合体，被称为热裂解气(pyrolysis gas)。热裂解气可以直接用于驱动内燃机、热电联产(Combined heat and power，CHP）等。

更确切地说，生物质气化是在一个封闭反应器即气化器(gasifier)中，带有外部提供的氧化剂(空气、O_2、H_2O、CO_2等)，如果当量比(equivalent ratio，ER)<1，将生物质颗粒破损成可燃烧的气体、挥发份或挥发性物质(volatiles)以及灰份(ash)的过程。

这里，当量比 ER=1 指的是化学当量(stoichiometric amount)，即出现理论上理想的空气及其他氧化剂的量，使燃料能完全地燃烧。

气化是介于热解和燃烧之间的中间过渡的一步。气化是一个分成两个步骤的吸热过程：

第一步，燃料的挥发份通过一系列复杂的化学反应在温度低于 600℃ 就蒸发。在此过程期间不需氧气。烃类燃气、氢气、一氧化碳、二氧化碳、焦油和水蒸气包括在挥发份的蒸气之中。固化碳(char)和灰份是这一过程中未能挥发的副产品。

第二步，固化碳通过与氧气、水蒸气和氢气反应而气化。一些未耗尽的固化碳经燃烧释放热量供这一系列的吸热气化反应。

主要的气化产物是：燃气、固化碳和焦油。气化产物，它们的组分以及量是强烈地受气化的介质、温度、压力、加热速率和燃料特性(组分、水含量、颗粒度)所左右。在气化过程中生成的气态产品可以再用作加热和发电。其主要成分一氧化碳（CO)、二氧化碳(CO_2)、水蒸气(H_2O)、氢（H_2)、甲烷（CH_4）和不同碳氢化合物(C_mH_n)。

在气化过程中生成的产品燃气可以被净化并用于合成特殊的化学产品或者进一步发电生热。特别的氢-一氧化碳混合物(取决于生产方法或最终用途)目标瞄准：水煤气（water gas)、裂化气（cracked gas）、甲醇合成气（methanol synthesis gas）或氧化合成气（oxo-synthesis gas）。

合成气的基本化学反应是：甲醇合成、Fischer-Tropsch(FT)(两名德国化学发明家)合成、氧化合成［加氢甲酰化(hydroformylation)］和甲烷合成；则进一步的合成气反应才能展开。

气化的独特的标识是将废物(从市政垃圾到农业或谷物残存，例如椰壳、米壳、麦秸、木渣、多余的物件)变成有用的并且质量上乘的能源。人所共知：由于环境的控制和法律要求，废物处理相当复杂。气化有一大优点：燃烧之前将有毒有害物质分离出去。

3.2 生物质气化热裂解气

生物质气化产生的热裂解气所含甲烷比例高，还可以产生一氧化碳和氢。产生的混合气体亦被称为 synthesis gas 或者 syngas，本身即是燃料。生物质气化就是从各种不同类型生物质提取能量的过程，涉及很多化学反应，比如：

$$C+O_2=CO_2$$

$$2H_2+O_2=2H_2O$$

$$C+CO_2=2CO$$

$$C+H_2O=CO+H_2$$

$$CO+H_2O=CO_2+H_2$$

$$C+2H_2=CH_4$$

$$CO_2+H_2=CO+H_2O$$

生物质气化的优点在于：syngas 显然比直接燃烧生物质燃料效率高、燃烧温度也高，甚至做成燃料电池。Syngas 可以直接用在内燃机，产生甲醇和氢或者借助于 Fischer-Tropsch 过程变成合成燃料(synthetic fuel)。高温燃烧还可以析出“挥发分”物质诸如氯化物和钾，生成清洁燃气。生物质气化依靠在高于 700℃ 温度的化学过程，而有别于厌氧菌致分解产生沼气的生物过程。

由于这种生物质“挥发分”物质析出的独特性质，气化技术非常适用于生物质原料的转化。不同于完全氧化的燃烧反应，气化通过两个连续反应过程将生物质中碳的内在能量转化为可燃烧气体，生成的高品位燃料气既可以供生产、生活直接燃用，也可以通过内燃机或燃气轮机发电，进行热电联产联供，从而实现生物质的高效清洁利用。

在气化反应器——气化器(gasifier)中，碳素材料历经几个不同的过程：

（1）高温热解；

（2）焚烧挥发产物与氧首先生成二氧化碳和少量一氧化碳供进一步燃烧的气化反应；

（3）经反应产生一氧化碳和氢：

气化反应：C 或 $C_xH_y+H_2O \longrightarrow CO+H_2$

水煤气（water gas）反应：$C+H_2O \longrightarrow CO+H_2$.

（4）可逆气相水煤气变换反应(reversible gas phase water gas shift reaction)达到平衡，很快在气化器温度下造就一氧化碳、水蒸气、二氧化碳和氢的聚集：

$$CO+H_2O \underset{K_r \text{ 即 } K_{reverRc} \text{ 或 } K_{反}}{\overset{K_f \text{ 即 } K_{forward} \text{ 或 } K_{正}}{\rightleftharpoons}} CO_2+H_2$$

生物质气化主要包括气化反应、合成气催化变换和气体分离净化过程。气化转化的重点为气体组分与产率的调整与控制。在气化过程中使用不同的气化剂、采取不同的运行方法以及过程运行条件，可以得到三种不同质量的气化产品气体。

生物质气化采用的技术种类繁多：根据燃气生产机理可分为热解气化和反应性气化，其中后者又可根据反应气氛的不同细分为空气气化、水蒸气气化、氧气气化、氢气以及上述气体混合物的气化。根据采用气化反应器的不同又可分为固定床气化、流化床气化和气流床气化。另外，还可以根据气化规模的大小、气化反应压力的不同对气化技术进行分类。

水通常以循环的方式作气体清洗和制冷用而没有对环境污染。水处理装置诸如水冷却池等。图 3-1 描绘了一种由生物质气化产生热裂解气的框图。

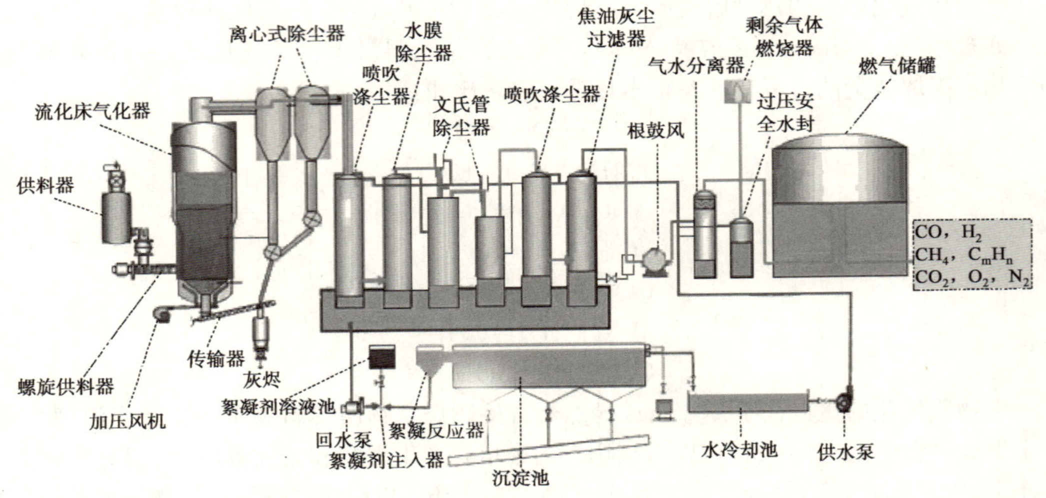

图 3-1 由生物质气化产生热裂解气
（来源：Fengyu Electric Equipment Co.）

3.3 气化技术简介

3.3.1 气化器分类

气化发生在一个转换单元之中，通常称作“气化器”。有各种类型的气化器，大体可以分类如下：

（1）按氧化剂分：

1）空气喷吹气化器；

2）氧气/蒸汽气化器。

（2）按对气化器供热分：

1）自热（autothermal）气化器；

2）异热（allothermal）气化器。

(3) 按燃料床设计分：

1) 固定床(fixed bed)气化器；

2) 流化床(fluid bed)气化器；

3) 气流床(entrained flow)气化器。

(4) 按压力分：

1) 常压气化器；

2) 加压气化器。

(5) 按产品燃气用途分：

1) 供热气化器——供热气化器用于带动锅炉外燃烧室、窑炉或干燥器；

2) 发电气化器——供内部燃气引擎或燃气透平机驱动发电。

分类详细示于图 3-2 并罗列在表 3-1 中。

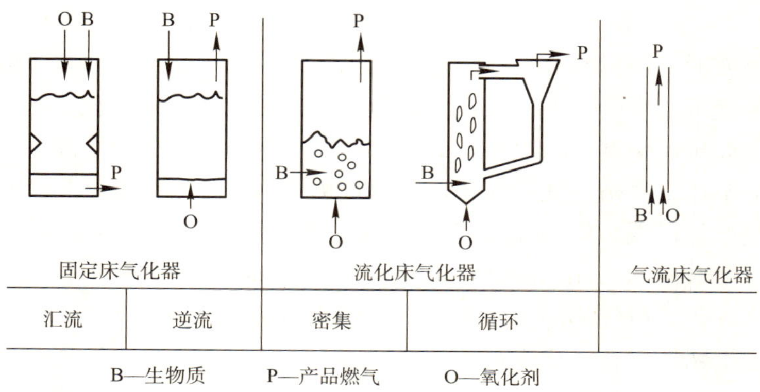

图 3-2 不同生物质气化器
(来源：IEA)

生物质气化器分类 **表 3-1**

分类	类型	主要特征
密集相反应器——固定床	气上升	固体向下移动，气体上升
	气下向	固体向下移动，气体下向
	汇流	固体以同一方向移动
	逆流	固体以相反方向移动
	交叉流	固体向下移动，气体移动呈垂直方向
	变种	拨动床；双阶气化器
	移动床	机械传递固体，低温运行，包括： 复式炉床、水平移动床、斜炉床、螺旋供料窑炉
欠相反应器——流化床和气流床	沸腾流化床	气体低流速，不反应固体留滞反应器
	快速流化床	不反应固体随产品燃气被洗涤净化并再循环
	循环流化床	不反应固体被净化，分离并再循环； 有时涉及快速流化床或双反应器系统

续表

分类	类型	主要特征
欠相反应器——流化床和气流床	气流床	通常无不反应固体；气体流速最高；可作为气旋反应器运行
	双流化床	第一反应器中进行蒸汽气化和(或)热裂解；在第二反应器焦油燃烧供热给再循环介质；另外的选项可以是任何类型的流化床，尽管其燃烧室经常是一个沸腾流化床

3.3.2 四种商业可供气化器

现在有四种商业可供气化器类型：逆流固定床(counter-current fixed bed)气化器、汇流固定床(co-current fixed bed)气化器、流化床(fluid bed)气化器以及气流床(entrained flow)气化器。

1）逆流固定床(counter-current fixed bed 亦称“up draft”)气化器有一个碳燃料的固定床，蒸气、氧或者空气逆时针方向流过固定床。炉灰以干状或者渣状予以去除。这种排渣气化器从蒸气变成温度高于融渣温度的碳化物的比率低。这种气化器的本质在于：生物质燃料必须具有高机械强度同时理想的话不能有凝块状；而形成一个固定床。尽管最近的开发已经限制的不那么严格，此种气化器流通量仍相当低，但热效率高。在正常运行温度下，焦油和甲烷产量可观，但 syngas 在使用前必须净化。焦油可再循环至反应器。

2）汇流固定床(co-current fixed bed 亦称“down draft”）气化器，与逆流固定床气化器相似，仅仅是气化介质气流随生物质燃料流向下，故此得名。热量须从床的上部加入，或借助燃烧少量生物质燃料，或来自外部热源。产生的燃气具有高温离开气化器，大部分热量经常传给从床的上部加入的气化介质，用这种气化方法产生的气体在高温下具有和逆流固定床导致与逆流固定床气化类似的高能量效率。鉴于所有焦油必须通过此结构的热床，所产焦油的水平远远低于逆流固定床气化方法。

3）在流化床(fluid bed)气化器中，燃料是液化的氧、蒸气或者空气。炉灰以干状或者过烧结状予以去液化。运行温度很低，意味着燃料需要高反应度，低品位煤最适合。烧结气化器温度稍高，适于高品位煤。此种气化器流通量高于固定床，但并不比气流床高。由于碳素材料的涤尘净化，能量转换效率会相当低。采用再循环和固体燃料连续燃烧可改善之。流化床气化器主要用于形成高腐蚀性粉尘灰的燃料(会腐蚀排渣气化器的墙体)。生物质燃料通常含有高腐蚀性粉尘灰。

4）在气流床(entrained flow)气化器中，一种干粉状固体、一种雾化液体燃料或者一种燃料泥浆经氧气(很少情况也用空气)依汇流（co-current flow）气化。这一气化反应在非常小颗粒的浓密云团之中进行。高温和高压使得流通量相当高，但热效率有所降低。这是因为气体在净化前必须降温。鉴于这种气化方法采用高温，没有焦油和甲烷产生，但比起其他类型气化器需要更多氧量。所有气流床气化器均以熔渣方式排出大部分灰渣，这是因为气流床运行温度远高于灰渣熔化温度。还有一小部分产生的灰渣作为非常细的干飞灰或者作为飞灰泥浆。有些燃料的灰渣，特别是某些类型的生物质燃料能生成对于陶瓷内壁(为保护气流床气化器外墙)具有腐蚀性的灰渣。然而，有些类型气流床气化器并没有陶瓷内壁，但是有一个内面经水或蒸气制冷并带有特别硬化凝固结渣层的墙体。这些类型的气化器并不遭受腐蚀性的灰渣的侵害。有些燃料的灰渣具有很高渣熔温度。此时，经宵是在气化之前将燃料和石灰石混合。加入一点石灰石可以降低渣熔温度。在气流床气化器中输入的生物质燃料颗粒要比在其他类型气化器中用的小。这就意味着燃料必须被粉状化，才能得到比其他类型气化器所得更多的能量。至于涉及气流床气化器耗费最多能量并不是指碾碎生物质燃料的能耗，而是生产更多氧气所需能量。

3.3.3 典型生物质气化器及产品燃料容量范围

图 3-3 给出生物质气化器的典型举例以及产生燃料容量范围。

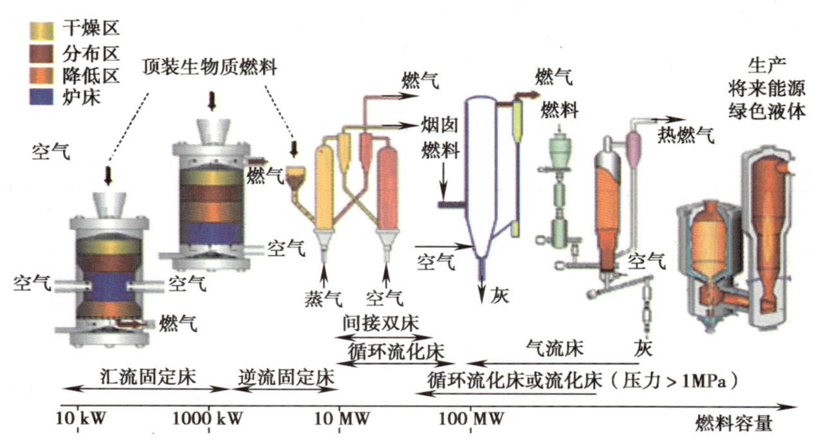

图 3-3　生物质气化器的典型举例以及产生燃料容量范围

3.3.4 典型生物质气化器品牌

（1）Lurgi 气化器：干灰气化器，已有 20 余年商业运行，12 台分别运行于美国、南非和中国。

（2）Bioneer Gasifiers：用于木/泥煤，范围 4～5MW/th，9 台分别运行于芬兰(8)和瑞典(1)。

（3）Babcock & Wilcox Volund Gasifier：自 1996 成功运行于丹麦超过 8000h。

（4）Nexterra Gasifiers：分别运行于美国、瑞典和加拿大。

尚有其他生物质气化器品牌。

3.3.5 典型生物质气化参数

在生物质气化过程中产生的燃气的组分和不希望得到的组分(焦油、灰尘、灰分成分)所占高低取决于很多因素，诸如：原料组成、反应器类型和运行参数(温度等，见表 3-2)。

典型生物质气化器特性　　　　**表 3-2**

	温度(℃)					电功率(MW)	
	反应	出口燃气	焦油	颗粒	扩容能力	最小	最大
下向	1000	800	很低	中等	差	0.1	1

续表

	温度(℃)					电功率(MW)	
	反应	出口燃气	焦油	颗粒	扩容能力	最小	最大
上升	1000	250	很高	中等	好	1	10
静态流化床	850	800	中等	高	好	1	20
循环流化床	850	850	低	很高	很好	2	100
气流床	1200	1000	低	很高	好	5	500

在生物质气化过程中产生的典型的干燃气组分列于表 3-3。从表中可以看出：在空气和蒸汽气化过程中燃气混合物的浓集是完全不同的。

在生物质气化过程中产生的典型的干燃气组分 **表 3-3**

混合物组分	单位	空气气化	蒸汽气化
一氧化碳	%(体积)	10～15	20～25
二氧化碳	%(体积)	10～15	20～25
氢	%(体积)	15～20	30～40
甲烷	%(体积)	3～5	6～12
氮	%(体积)	45～55	1～5
净热效率(低热值 LHV)	MJ/Nm^3	4～6	10～14

以上表格均来源于 IEA。

在空气气化中空气用作流化剂(空气含有 78%体积的氮气)。这就是为什么产品燃气中氮浓度比重较蒸汽气化过程中产品燃气中氮浓度比重高得多；而可燃气组分浓度比重低。

另外，蒸汽气化过程产品燃气中氢的组分浓度比重高。产品燃气中氢不仅仅在空气气化来源于生物质燃料，还来自蒸汽(H_2O)。

3.4 生物质气化的应用

生物质气化热电联产发电厂、共燃和合成燃气是三个生物质气化主要的应用领域。

3.4.1 生物质气化热电联产发电

在欧洲，对于小规模建筑物和小规模经营应用而言，如若当地有持续木资源供应，生物质气化厂可以从木质里无焦油地获得合成气，并且在往复式发动机(reciprocating engine)中燃烧它，进而驱动与发动机相联结的发电机发电约 250～1000kW 电功率、零碳排放、还带有热量回收。

这种类型生物质气化厂常常作为木质生物质热电联产发电厂(CHP)并且经历 7 个不同的过程：

(1) 生物质处理过程；

（2）燃料供应；

（3）气化；

（4）燃气净化；

（5）废物处理；

（6）发电；

（7）热回收。

图 3-4 描绘欧洲典型的商业可供小型生物质气化热电联产发电厂。在此系统中，采用小木片或者小木丸（wood chips or pellets）作为生物质燃料。当小木片或小木丸具有大约 18MJ/kg 的燃烧值，1kg 小木片或小木丸可以同时产出约 1.2kWh 的电能和 9MJ 的热能。

如图所示，小木片或小木丸送进气化炉，焦化的小木片/丸与二氧化碳和空气/氧/蒸汽反应生成一氧化碳和甲烷。由此产生的混合燃气经净化系统过滤可以高效地供小型热电联产发电厂燃烧以发电产热。

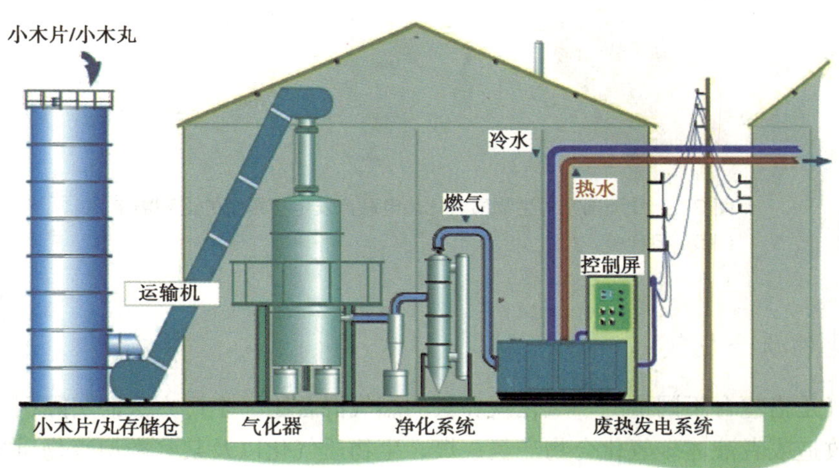

图 3-4 小型生物质气化热电联产发电厂流程
（来源：xylowatt）

在欧洲国家，对于中型生物质气化热电联产发电厂（CPR）系统的近期需求如图 3-5 所示。

3.4.2 生物质共燃

有时利用生物质在现存燃煤发电厂与煤共燃而不是另建一座新的生物质发电厂。共烧尚可以改善低燃烧值燃料的燃烧。共燃还能够用于降低某些污染物的释放。比如，生物质与煤共燃比直接燃烧煤、硫的排放要少。

在芬兰 Lahti 的气化厂就是一个很好的共燃技术的例子。从 1998 年起，Lahti 能量公司气化了超过百万吨固态回收燃料和木头用于气化器产燃气供一座燃煤发电厂。这样一来，减少用煤 600000t。后面实例有详尽介绍。

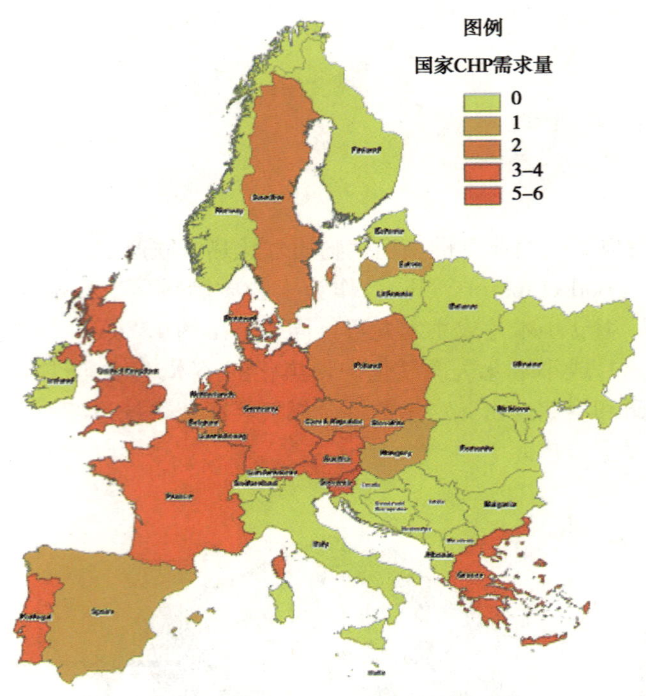

图 3-5 欧洲国家对生物质气化热电联产发电厂系统的近期需求
(来源：EUBIA)

3.4.3 生物质合成气

合成气是指包含不同量的一氧化碳和氢的燃气混合物。生产方法的实际例子包括天然气的蒸汽改造或者液体碳氢化合物产氢；煤、生物质气化以及某些类型废物质能量的气化装置。这一名字来源于其作为创造合成天然气(Synthetic Natural Gas，SNG)以及氯或甲醇的中间过渡。合成气还可以借助于 Fischer-Tropsch 过程和曾经的美孚甲醇制汽油过程来生产合成石油，以作为燃料或者润滑剂。

合成气主要由氢和一氧化碳以及常包括二氧化碳。其能量密度一般为天然气的一半。合成气可燃，经常用于燃料源或者作为其他化学品生产的中介。

3.5 生物质气化的优点和缺点

在很多国家，生物质气化成为可再生能源应用的首选。如今，仅仅利用现存生物质能源的 2/5 就已经对全球原始能源供应贡献了 14%。因此，增加利用生物质以求不断地将其变成可再生燃料、化学品和可再生的电能的潜能还是大有可为。在不少国家，现在的可再生能源应用明显低于其潜能；但是，情况有所不同的是：有些地区应用超过了供应。显然，制定一个促进生物燃料、化学品和可再生电能商业化以及稳步促进生物质供应持续增长的战略规划特别重要。另外，这一战略规划应与缓和温室气体排放紧密结合并有助于非经互会国家经济发展。

为达此目标，有如下考量：

(1) 增加应用林业残剩物、木材加工和糖业生产的废料、油棕榈生物质；

(2) 收集和采用所有农业残剩物；

(3) 农业、城镇和工业垃圾综合处理；

(4) 利用城市和工业废水来开发能量作物种植；

(5) 制定法规方针激励着手城镇和乡村社区大规模地开发、管理和收获生物质供应。

如上所述，生物质直接燃烧产生：热、CO_2和H_2O。在亚化学计量(sub-stoichiometric)条件下的生物质气化产生：热、CO、H_2、CH_4和其他质轻且可凝结的碳氢化合物。生物质气化的温度低于直接燃烧的温度，因而由于碱和氯化物引发的沉积、污秽和腐蚀等问题得以消除。另外，在一个气化器中，生物质可能有的N和S变成NH_3和H_2S，则可以比在燃烧中产生的NO_X和SO_X更容易少花费去除掉，以减少对环境的负担。生物质气化比直接燃烧所具有的其他优势还有：处理气体体积小；以及更经济地分离和捕捉CO_2的能力。

化石能源气化的优势已经很明显。这一技术对于煤已经相当成熟，被高效用于整体煤气化联合循环发电(Integrated Gasification Combined Cycle，IGCC)、化肥、合成天然气(Synthetic Natural Gas，SNG)以及液体燃料，并经商业化所证实。这一技术在化石能源领域的许多经济优势将用于生物质气化。生物质的优势示于图3-6。

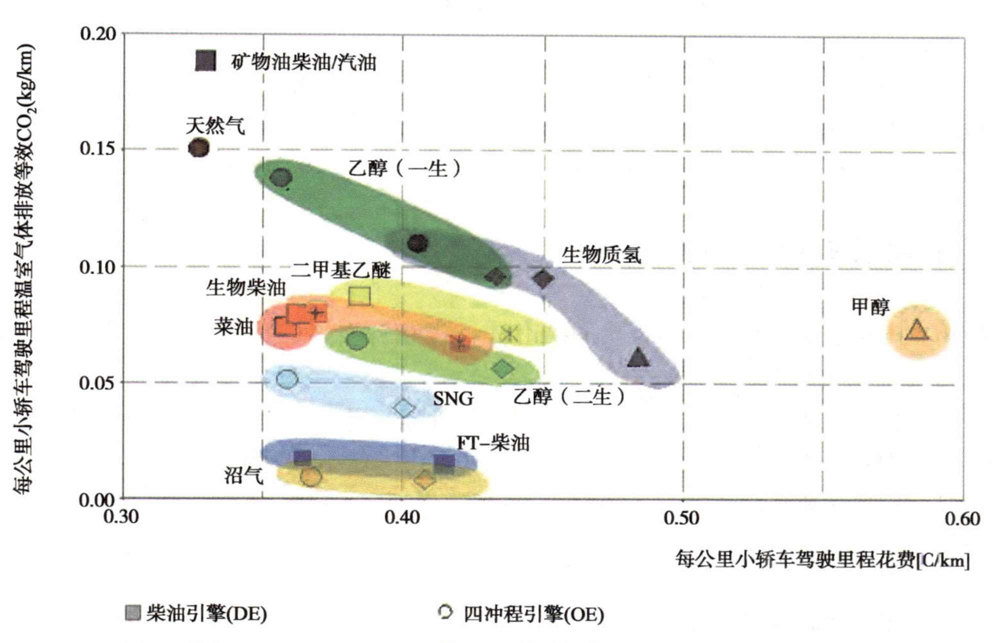

图3-6 技术比较：经济和环境影响

(来源：IEA，Task 33)

图 3-6 勾画了温室气体排放与替代燃料和化学品生产之间的关系。显然，生物质气化是生产低温室气体排放的燃料，诸如：F-T 柴油、合成天然气(SNG)和甲醇的首要技术。

可以想象：随着日益增长的寻求化石能源替代品的努力，为导出的产品必须涉及生物精炼，类似在马来西亚 Bintulu 实施合作生产的壳牌中间馏分合成(Shell Middle Distillate Synthesis，SMDS)技术，但是规模小些，以期迅速改变对燃料和化学品的需求市场。图 3-7 描绘生物精炼的一个总体框架，此生物精炼和主导生物质能途径相结合来生产燃料、化学品以及电能。

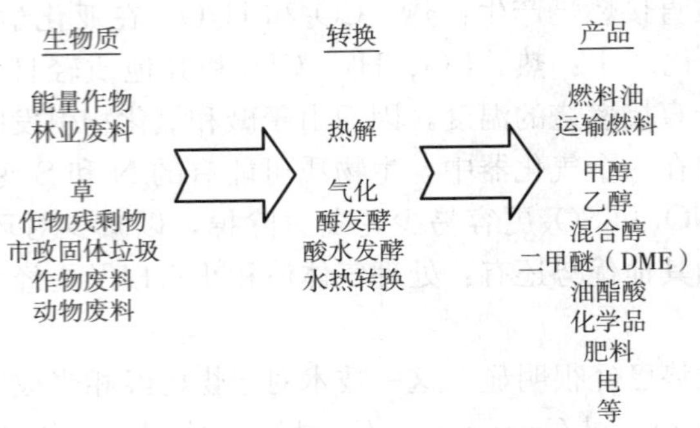

图 3-7 生物精炼纵观（来源：IEA，Task 33）

综上所述，气化这一转化手段可以数量上将大部分异质构成的生物质转换成一种在燃料组分或合成燃气上一致的单独产品，或者上面显示某些产品的一种混合。其他生物质转换过程往往需一系列同时的，连续的以及几个步骤的组合才能生产同一产品。生物质气化这一独特的固有优势——一步到位(即直接穿过箭头内部导向大部分产品)合成燃气转换以生产燃料、化学品以及绿色电能，展现了商业开发生物质气化的良机。

3.6 生物质气化的应用举例

生物质气化系统的实际经验得出的结论是：没有任何燃气净化工序时，使用生物质气化产品燃气非常好。

运行生物质气化系统的主要困难在于：一方面，生物质燃料的送料系统；另一方面在于燃气的处理。对于热电联产的应用而言，燃气的净化在过去的几年里已经开发到一定水平——有几个成功运行的案例。下面将作集中介绍。

3.6.1 在芬兰 Lahti 生物质气化器发电厂 Kymijärvi

作为应用举例，这里介绍生物质气化器发电厂 Kymijärvi。在芬兰 Lahti，从 1998 年 3 月起一座循环流化床(Circulating Fluidised Bed，CFB)生物质气化器发电厂 Kymijärvi 投入商业运行，第一年就产电 230GWh。此气化器利用生物质、废燃料、碎轮胎和塑料作燃料，与煤粉、天然气混合直接供给具有 138MW 发电能力的锅炉。尽管生物质进料湿度为 20%～50%，生物质燃料经气化器可输入 40～70MW 热能，可以最大产出 167MW 电功率和 240MW 热功率。

图 3-8 展示生物质气化器发电厂 Kymijärvi 的(a)外观、(b)系统、(c)生物质气化器结构细部及(d)原始生物质燃料。

(*a*)

350 MW
540℃ 170 bar
CO_2减少10%
生物质 300 GWh/a燃料输入占15%
加工处理
电能 600 GWh/a
地区热 1000 GWh/a
煤粉火焰
50 MW
气化器
燃气火焰
煤 1050 GWh/a 燃料输入占 50%
粉灰
底部灰渣
天然气 650 GWh/a 燃料输入占 35%

(*b*)

图 3-8 芬兰 Lahti，循环流化床生物质气化发电厂 Kymijärvi（一）

（来源：(*a*)Net Resources International；(*b*) FOSTER WHEELER）

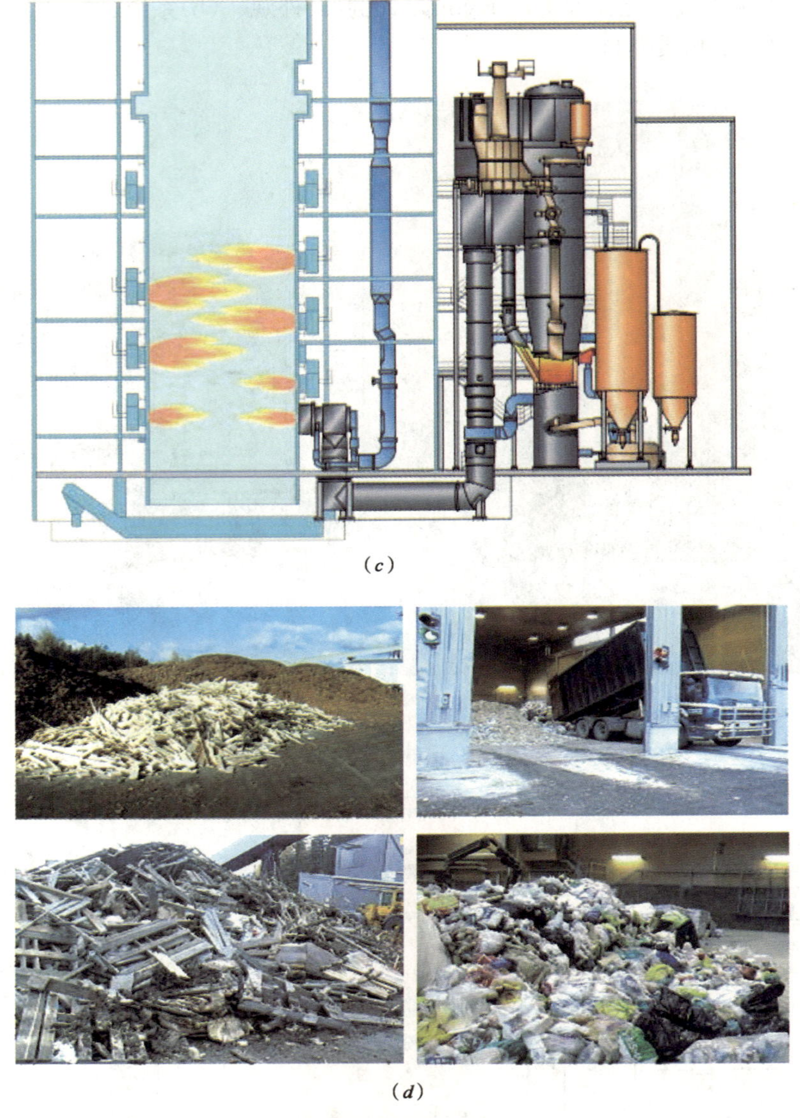

(c)

(d)

图 3-8 芬兰 Lahti，循环流化床生物质气化发电厂 Kymijärvi（二）
（来源：(c)，(d) FOSTER WHEELER）

3.6.2 瑞典 Växjö Värnamo 生物质气化中心

瑞典 Växjö Värnamo 生物质气化中心（Växjö Värnamo Biomass Gasfication Centre，VVBGC）计划运行一个机动、大规模、18MW 热能生物质气化装置，并且提供大规模研究开发及示范项目平台，以期更低成本且更具商业化（图 3-9）。

Växjö Värnamo 生物质气化中心着重研究实用可行的生物质气化原料、过程、工艺和设备元件的实际测试，比如：

（1）原料：不同碎木质材料、树皮、垃圾衍生燃料(Refuse Derived Fuel，RDF)以及

图 3-9 瑞典 . Växjö Värnamo 生物质气化中心(VVBGC)

稻草、麦秸等农产品；

(2) 供料系统：闸门漏斗(lock-hoppers)、活塞式供料器(piston feeders)等；

(3) 燃气净化、微粒处理：烛脂过滤材料(candle filter materials)、高温过滤器(HT filters)、过滤净化系统等；

(4) 先进燃气净化(就地床 bed in-situ，或者后气化器 post gasification)：脱硫(desulfurisation)、脱氯(dechlorination)、除硷(alkali removal)；

(5) 燃气品质升级：催化剂、燃烧器改进等；

(6) 燃气透平、集成气化组合循环(integrated gasification combined cycle，IGCC)测试。

除此之外，尚有终端产品测试：二甲基乙醚(dimethylether，DME)、甲烷、FT 柴油(Fischer-Tropsch (F-T) diesel)、燃料电池等。VVBGC 还提供教育和训练课程，开放实验室等设施。

图 3-10 描绘了瑞典 Växjö Värnamo 生物质气化中心生物质燃料气化压力 IGCC 厂简图。

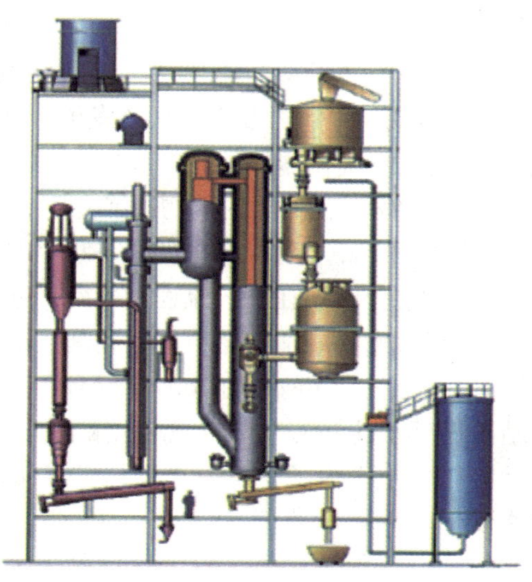

图 3-10 Växjö Värnamo 生物质气化中心生物质燃料气化压力 IGCC 简图

(来源：VVBGC)

由图可见，经气化器之后，产生的燃气送至制冷器和一个热燃气过滤器。制冷器将燃气冷却至350～400℃。制冷后的燃气进入烛脂过滤罐，在此颗粒被清除。产生的燃气在燃烧室内燃烧，膨胀驱动燃气透平，具4.2MW发电能力。

另外，从燃气透平来的热烟道燃气经管道到蒸汽发生器进行热回收。在此产生的蒸汽与在燃气制冷器处产生的蒸汽一并成过热蒸汽，再送入蒸汽透平（40bar，455℃），具有1.8MW发电能力。

这一在1996～2000年进行的示范项目成功证实了生物质气化中心生物质燃料气化压力IGCC在技术上和经济上的成功。这一成果主要包含如下方面：

1）高压气化技术成功；

2）在稳定情况下，产生的燃气可以在燃气透平中燃烧；

3）热燃气过滤是高效且可靠的；

4）此技术适合于“困难燃料”气化；

5）对燃气透平及其他设备无不良反应；

6）硫化物排放稍高，但有解决办法；

7）即便对于含氯多的燃料，碳氢化合物、二氧化碳排放也非常低；

8）生物质燃料气化技术在今日燃料价格中有竞争力；

9）生物质燃料气化技术很适合现存IGCC更新改造。

瑞典政府已经将生物质燃料气化技术作为可再生能源技术的主要方向之一。今后工作包括：更大规模、更低成本高效生产液体生物质燃料。2001年几家公司曾共同提出利用此设施研究开发生产二甲基乙醚(dimethylether，DME)达10000t/a。鉴于其太高风险性而作罢。

VVBGC成为欧共体在生物质燃料气化技术集成强化研究中心。

3.6.3 奥地利Guessing热电联产发电厂

2002年在奥地利Guessing，一个基于循环流化床蒸气喷吹气化器，依燃气引擎生产电能(2MW)和热能(4.5MW)来形成8MW能力热电联产发电厂(CHP)。图3-11展现这一奥地利Guessing循环流化床蒸气喷吹气化器热电联产发电厂的外观及主要部分。

Renet-Austria，这一由奥地利大学及工业界的生物质能专家、教授联网组成的智囊团即将进一步开发这一项目，使之进入一个商业阶段。在过去一些年中，他们做了很多改进，如供料系统、在线颗粒分离等。除此之外，还在工艺流程上取得了进步。异热源流化床气化器几乎没有氮，却有高的氢含量；所以它特别适合燃料电池和其他一些合成产品。因此，现在进行的研究项目集中在生产合成天然气和Fischer-Tropsch液体，如图3-12所示。

现行系统简介：这个基于循环流化床蒸气喷吹气化器的热电联产发电厂所用主要生物质燃料是林业木片。伐木后的树木主干为了干燥要在森林里存储1～2年，然后运到CHP厂并切成碎片。当作为生物质燃料时，含水量为25%～40%。在流程里，生物质燃料产生的热部分消耗在系统内部如：空气预热、蒸汽发生等；剩余部分输送至现存地区热网。经燃气引擎-发电机所生产的电能联网送公共电力网。按照奥地利政府的规定，依燃料等具体情况不同能以13～16Cents/kWh从电力局得到回报。表3-4给出此生物质燃料热电联产厂设计及主要实现指标。

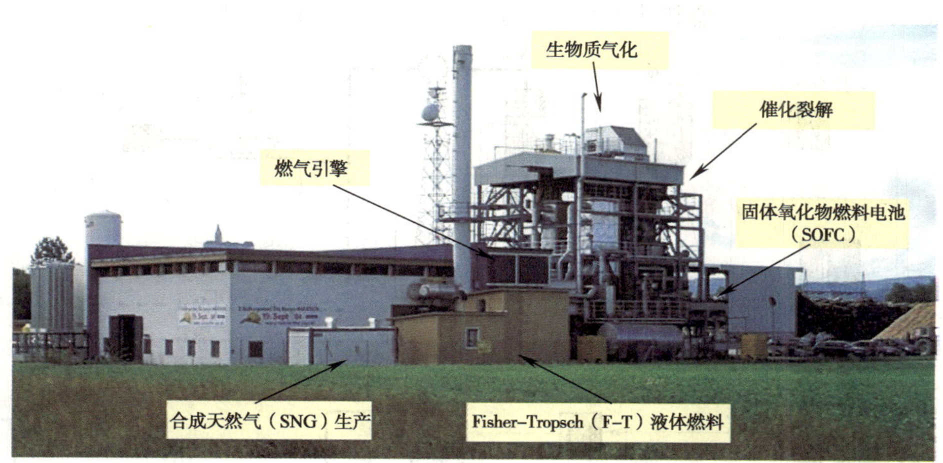

图 3-11　奥地利 Guessing，循环流化床蒸气喷吹气化器热电联产发电厂
（来源：Renet）

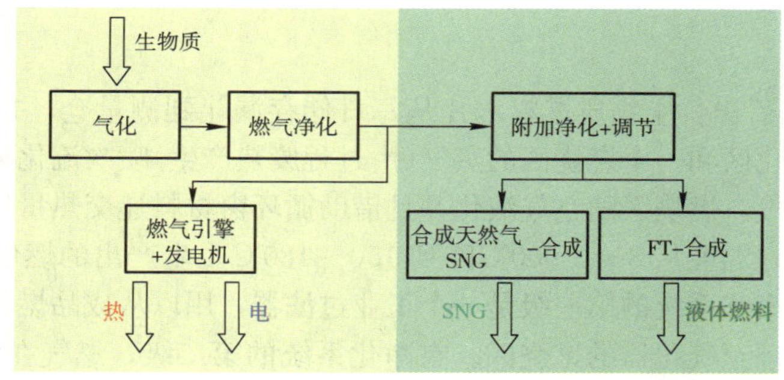

图 3-12　Guessing 热电联产的扩充发展——左面是现有部分，右面是准备扩展部分
（来源：Renet）

Guessing 生物质燃料热电联产厂设计及主要实现指标　　**表 3-4**

	设计指标	实现指标
生物质燃料	木片	木片
燃料含水量	15%	25%～40%
燃料功率	8000kW	8500～9500kW
电功率产出	2000kW	2000kW
热量产出	4500kW	4500kW
发电效率	25.0%	20%～23%
产热效率	56.3%	45%～53%
总能量效率	81.3%	65%～76%

Guessing 现行生物质燃料热电联产厂系统简单框图如图 3-13 所示。

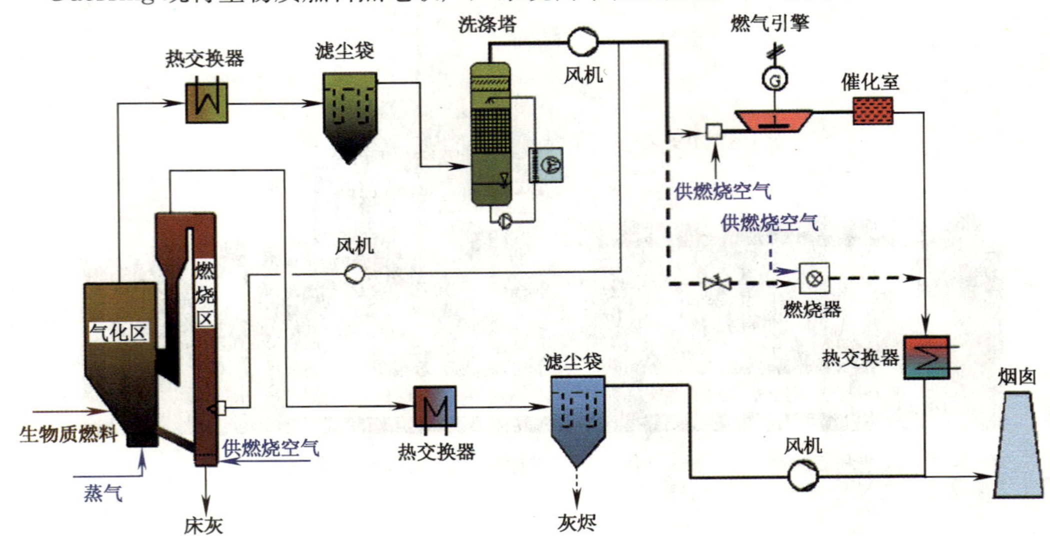

图 3-13　Guessing 现行生物质燃料热电联产厂系统简单框图
(来源：Renet)

由图 3-13 可以看出：生物质燃料木片从每日储存漏斗到测量仓，并借助于螺旋式供料器给包括一个气化区和一个燃烧区的蒸气(由过程废热产生)喷吹流化床气化反应器，以期生产无氮成品燃气。燃烧区随空气液化并且借助循环窗材料递交热量供气化过程用。在一水冷热交换器中，温度从 850～900℃降到 150～180℃。生产出的燃气被一个两级净化系统制冷并净化。净化系统的第一级是一个工业过滤器，用以从成品燃气中分离颗粒和焦油。这些颗粒再循环至气化器的燃烧区。在净化系统的第二级，燃气在洗涤塔摆脱焦油。饱含焦油而耗尽凝结的洗涤液被蒸发再回馈到净化系统的第一级来热处理。洗涤塔将成品燃气降温至 40°C。此净化的燃气最终送到燃气引擎发电产热。如若燃气引擎不工作，全部产品燃气送到一备用锅炉燃烧产热。

燃气引擎的烟道气体经触媒氧化以减少 CO 释放。引擎的烟道气体的敏感热量用于产生送到地区热网的热。从燃烧区的烟道气体用于空气预热、过热蒸汽和送到地区热网。一个燃气过滤器在燃烧区的烟道气体从烟囱排放到环境之前将烟道气体中的颗粒离析。这样一来，Guessing 生物质燃料热电联产发电厂满足了所有排放指标的要求。

Guessing 生物质燃料热电联产发电厂自 2002 年以来，几次检修和改造持续运行。经改善设施结构，发电产热渐增、操作步骤简化、废物排放减少(如氮降低 50%以上)。

此系统气化器采用流化床，床材料的磨损率事关重大。床材料的磨损率主要取决于：材料种类、提升速度和离心除尘器的分离效率。在系统运行期间经实验使参数最佳化，将床材料磨损率降低 70%多。

预涂层(procoat)材料亦是一个重要考量：为防止焦油化合物直接聚集、填塞甚至损伤滤尘袋，预涂层必不可少。在系统运行开始阶段采用两个：一个运行；一个做预涂层。现在已改成在线运行机制，再也没有发现问题，导致预涂层更新仅为系统运行开始阶段的 20%并且氮降低。分离焦油的洗涤塔要用生物柴油，可达去除焦油 90%且减少生物柴油用量 25%。

双热蒸汽气化以及一系列运行经验的累计不断克服薄弱环节；到 2006 年，气化器连续运行达 90%，燃气引擎 85%。

研究目标是：产品燃气低氮、高氢：H_2：CO 达 1.6～1.8；研究固体氧化物燃料电池(solid oxide fuel cell，SOFC)；合成天然气(synthetic natyral gas，SNG)、FT 柴油(Fischer-Tropsch (F-T) diesel)以及液体燃料等。

图 3-14 给出生物质基于循环流化床蒸汽喷吹气化器的产品燃气的主要可能应用。类似几百年历史的煤化工或石油化工，原始燃料是可再生的生物质时，产品燃气的应用可称为“绿色化工”，为达此目的一系列的进一步净化和调节步骤必不可少。

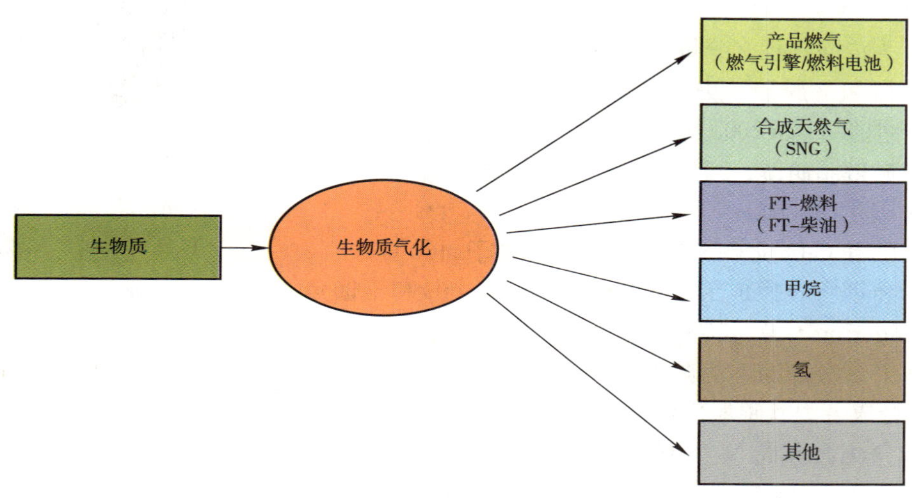

图 3-14 “绿色化工”概念简图

3.7 生物质气化用于废物处理

3.7.1 废物高温转换

废物高温转换(High Temperature Conversion of Waste，HTCW)厂气化技术是从历时 200 余年钢铁铸造冶金工业的产物。在德国 Arnstadt 长期运行的废物高温转换气化设施达到了严格的 EC 和德国降低环境污染标准 BImSchV。

利用高温气化对所有类型废弃物进行总体处理是德国工程界最好传统之一：

(1) HTCW 专利气化过程将所有类型废弃物的 97%～99%转换成燃气、热能和电能(或者柴油、汽油、甲醇)。

(2) 独立的研究表明：HTCW 卓越的纯能量效率和清洁合成气(syn-gas)生产保证能源价格稳定。

(3) 一个废弃物处理厂以代替对不同类型废弃物采用不同处理技术，HTCW 专利气化过程可用于所有类型废弃物混合体，无需分类和破碎，利于利润目标管理。

(4) 零排放且无灰份残留，仅留下1%～3%尘粒和盐分。使用HTCW实现“零废弃物”现在变成现实，同时降低废弃物处理费用。

(5) 废弃物处理厂规模可大可小，一处或多处直至大工业规模，经济地融入现存基础设施。

3.7.2 废物高温转换气化器内部过程步骤

废物高温转换气化器内部过程步骤如图3-15所示。

(1) 输入废料及附加物(焦炭、石灰石和其他材料于常温常压)。

(2) 为消除物理水分将输入料干燥(100～200℃)。

(3) 脱氧、脱硫、去除水和CO_2等组分，解降聚合物，开始消除H_2S(250℃)。

(4) 破解脂肪链；开始分离CH_4和其他脂肪(340℃)。

(5) 碳化(380℃)。

(6) 断开C-O及C-N键，分离异质原子(400℃)。

(7) 将沥青转换成干馏油(smouldering oil)和干馏焦油(smouldering tar)(400～600℃)。

(8) 热裂分馏沥青为热稳定物质(短链、气化碳氢化合物)；合成芳香族碳氢化合物(600℃)。

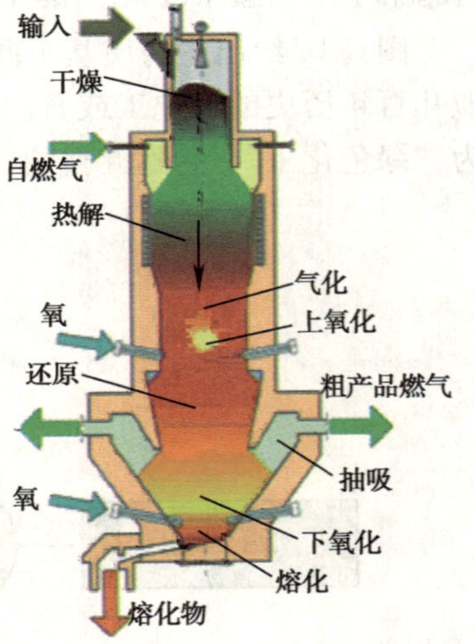

图3-15 废物高温转换气化器内部过程步骤

(来源：HTCW. info)

(9) 气化：合成N_2/NH_3及H_2S/COS；卤素盐(如硷金属氯化物或者HCl)完全呈蒸汽状态；熔化物：矿物熔相合成(800～1200℃)。

(10) 芳香族碳氢化合物、HCN和有机氯化合物完全裂解；形成炭黑熔化物；铁金属熔相合成(1200～2000℃)。

(11) 分子解体开始，低温等离子区(2000～2700℃)。

3.7.3 废物高温转换气化器功效评估

(1) 废物高温转换(HTCW)气化器可算竞争者中的佼佼者（图3-16）

气化过程将所有类型废弃物的97%～99%转换成清洁能源如燃气、热能和电能(或者柴油、汽油、甲醇)，保持能源价格稳定及持久平衡。可用于所有类型废弃物混合体，无需分类和破碎。废弃物处理费用低。易于融入现存基础设施。

(2) 废料

市政和工业废物垃圾如喷漆电镀物品、油漆涂料、有害废物、造纸工业废物、废旧轮胎、橡胶、碎金属、化合材料、复合材料、石棉物、医疗废物、油沉淀物、废弃电子器件等。这些都可混合达到特性目标。具有特别高温控制灵活性。废物高温转换(HTCW)气化器能够处理剧毒物质，安全无害，使之完全解体。

(3) 气化代替焚烧

气化是将一种物质变成气体，它并非焚烧。由于废物高温转换(HTCW)气化过程当中氧量严格控制，喂入材料的燃烧得以阻止。HTCW是处理废弃物的全新探索。它没有在燃烧过程中的副产品，如灰烬和焦油。随着温度抵达1500～2500℃，废弃物材料中的污染物如二恶英，呋喃和羰基铬(六价铬 Cr6)完全裂解成无害或者可再利用的化合物。

(4) 提供高值材料产品

高质量燃气供发电、产热、甲醇或柴油产品；亦或供外部用户。地区供热、工业过程用蒸汽的生产(如造纸厂)或者供应水淡化厂。无浸出的多用途硬化矿物熔炼，以期进一步服务于含有矿物重金属氧化物的结构建筑工业。能铸造含重金属的铁合金，以提供铸锭/铸铁用于钢铸型。

(5) 产品燃气进一步净化可提供高质量合成燃气，供燃气引擎发电产热高效，甚至用于燃料电池。

(6) HTCW 气化厂市场：私人再循环公司；地方市政社区；生产过程工业；废物再循环和处理公司。

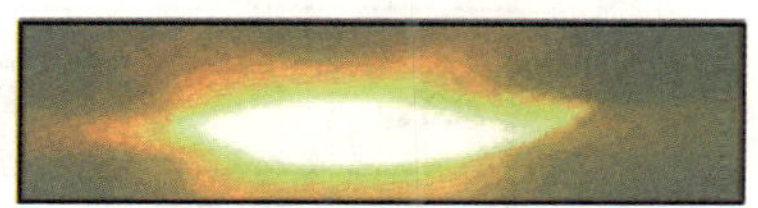

图 3-16 HTCW 提供高值材料部分产品

3.7.4 其他废弃物气化处理厂现状

废弃物气化处理厂建成并试验运行的挑战在于：

(1) 达到可接受的产电效率：

1) 能量耗费；

2) 氧量耗费；

3) 燃气净化。

(2) 达到可靠长期运行，不能运行几个月就清理气化器。

众多废弃物气化处理厂在设计，仅有几座建成并试验运行，且大部分时间与化石燃料共同工作。

从 2008 年起，瑞典 Svenljunga 一座生物质气化厂产热达 14MW 供工业蒸汽和对居民区域供热。采用的生物质废料主要是木质废料。另一座类似生物质气化厂产热达 8MW 和产电达 2MW 将在 Munkfors Energy 安装。

在美国 Green Bay Wisconsin 计划在 2001 年将建生物质气化厂产电供 4000 家庭使用。据 2011 年 3 月最新报道，因当地居民抵制，已决定易地进行。

日本 Chiba 从 2000 年用工业废料产电，但尚未见正面报道。

图 3-17 展示位于加拿大首都 Ottawa 的一座将市政废料成能量的气化厂。其每天处理能力 400 t/d。

图 3-17 加拿大 Ottawa 的一座将市政废料成能量的气化厂

(来源：PlascoEnergy)

3.8 生物质气化发电厂潜在的健康和安全危害

生物质气化被看好成为对可再生能源发电有巨大贡献的技术。可由欧共体(EU)和世界能源局(IEA)专家组成的生物质气化网络联盟却认为：健康、安全和环境(HSE)会成为这一技术发展的重要障碍。这一技术已经接近完成商业化，但对于健康、安全和环境事务之贫乏的意识以及欠缺的理解使得大规模实施仍受到限制。另外，当局强加于生物质气化发电厂建设成本投资不切实际的要求也是一个原因。

生物质气化发电厂健康、安全和环境事宜曾在世界能源局和欧共体多次会议(Task 33)上讨论。这些会议的结论是：上述不能令人满意的条件体现了生物质气化发电厂发展的壁垒，必须着手和支持一个指导原则的制订来予以克服。一个有效的、经广泛公认的《安全，生态友好生物质气化导则》(Guidline for safe and eco-friendly biomass gasification)正由世界能源局和欧共体共同建立的一个项目(HSE project)来制订。如今，已有一初稿可以从 www.gasification-guide.eu 得到。主要线索是这一生物质气化过程的危险链，如图 3-18 所示。

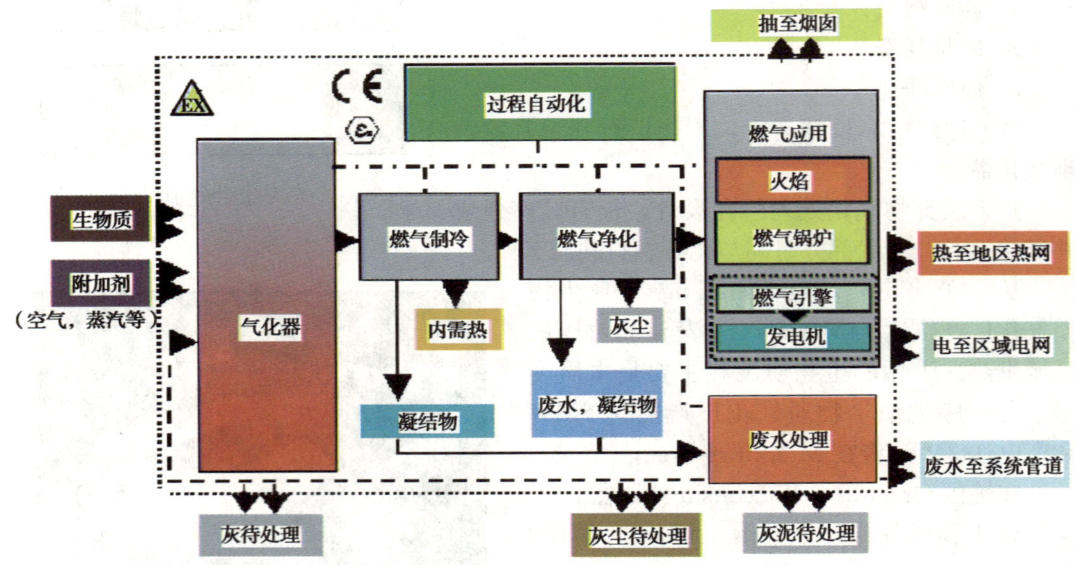

图 3-18 生物质气化发电厂潜在的健康和安全危害

(来源：www.gasification-guide.eu)

在这《导则》项目进行之间，基于(Task 33)安排有两次研讨会(一次是 2008 年 4 月 23 日在维也纳)将《导则》草案介绍给大家并征询建议和意见。《导则》草案确认和定义在生物质气化过程中现存的所有可能产生的危害以及生物质气化的法律框架。通过四个实际案例收集大量信息，提出有争议的命题；对安全方面问题和降低危险的措施予以推荐和建议。由听众汲取的反馈意见对清醒估价《导则》草案并进一步修改很有用。

4　生物质制氢和燃料电池

目前，80%以上的能源和有机原料来自于化石能源。随着化石能源的枯竭以及燃烧化石能源带来的环境问题的日益严重，人类必须另辟蹊径。

氢是一种理想的能源：资源丰富，燃烧值高，清洁且适用范围广。制氢的方法有很多，电解水是大规模生产氢的一种途径，然而，水分子中的氢原子结合得十分紧密，电解时要耗用大量电力，比燃烧氢气本身所产生的热量还要多，显然经济上不划算——是不可取的。各种矿物燃料制氢如天然气催化蒸汽重整等，作为非可再生能源，储量有限，且制氢过程会对环境造成污染。因此，利用可再生能源，如太阳能、海洋能、地热能、生物质能来制取氢气是极具吸引力和发展前途的。其中，利用生物质制氢的途径最受青睐：不仅利用的生物质可以再生，还能实现 CO_2 的零排放。

可再生的生物质和由生物质衍生的燃料可以被气化进而产生富含氢的燃气或者氢。在安排生物质能量转换的体制中，生物质气化过程所产生的产品燃气基于特征的不同，或是高附加值的副产品，或是氢气。

由生物质产生的富含氢燃气或氢，很容易地就能用在现今主要由天然气或石油来导出氢的转换设施上；并且还可能用到先进的系统诸如燃料电池。

由氢或其他能源作动力的燃料电池可以达到高能效，并且实现不仅在静态应用还能在移动应用的多样性。在恰当的条件下，氢和燃料电池技术可以对能量安全和缓解温室气体排放起到关键作用，特别是在运输业。

为提供可持续发展的氢供应系统，生物质作为可再生能源，承担特别重大的作用。

4.1　氢——将来的动力中心

4.1.1　氢能量中心

引入氢作为能量载体，具有巨大而长远的战略意义。这是因为：氢可以对整个能量系统进行一个全新的安排。

引入氢的关键点在于氢生产途径的多样性、所有静态要求方面应用的灵活性以及可预期的高效能量转换工具如燃料电池的应运而生。图 4-1 简单地描绘了这样一个氢-能量中心系统：所有可能提供的能源和应用领域包括运输、工业、建筑和家庭均罗列其中。

4.1.2　氢能量中心的要素

（1）不像电能那样难以储存，氢是可以全部存储的能量承载者。这一特性允许氢具有生产和使用在时间上可分离的灵活性。

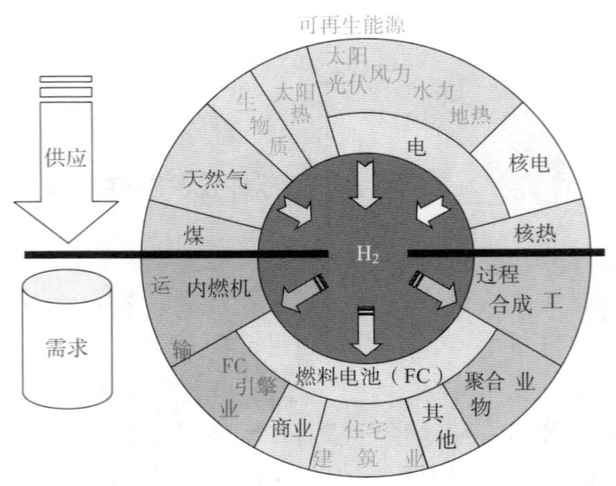

图 4-1　氢能量中心系统概念简图
（来源：European Commission）

（2）不像任何化学能量承载者如焦炭、丙烷或者汽油那样，氢的产生并不依赖于任何单独的能量源头或者生产途径。

（3）从应用角度分析，氢在所有燃料中是惟一的零碳排放燃料。

如是，对于全球能源需求所有解决方案的元素，包括可再生能源、生物燃料、碳捕获和碳封存（carbon capture & sequestration）以及清洁煤等基本上是基于自然，仅体现了对部分问题的部分解决办法潜能；而氢却在这个能量系统中成为实现可持续发展能量益处之关键所在。氢的上述众多优点使氢在将来建立的扎根于可再生、零排放的能量体系中成为电能最理想的互补、最佳的拍档。

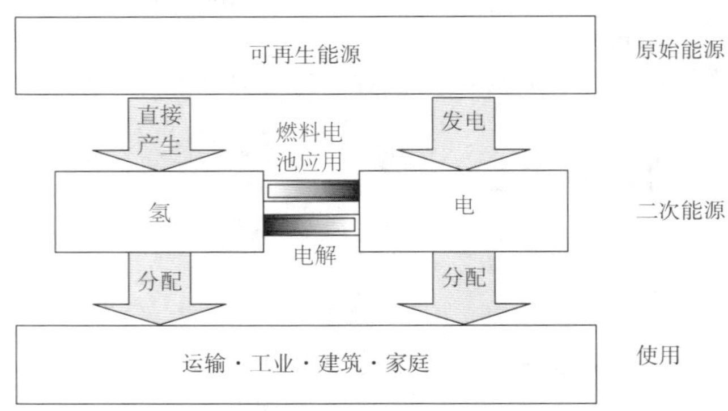

图 4-2　在可再生且零排放的能量体系中氢和电的相互关系
（来源：Hydro）

4.2　生物质制氢

4.2.1　生物质制氢的优势

在所有可再生能源中，生物质是唯一能提供相对直接地生产氢的途径。已经有那么几种热学转换技术不再需要主要科学突破就可以面向市场继续开发；利用生物质资源通过一些生物和其他化学制氢的路径显示正面趋势，尚需世界范围的大力研究。

直接可再生能源制氢的优势将利用生物质资源推向引导进入制造“绿色”氢的相对丰富多彩资源中的最佳候选。仔细选择、采用和开发“生物质-氢”可以得到全方位的最佳效益。一方面，有些生物质资源会在发电产热方面效益颇佳被更快推广应用，并且作为生产下一代液体燃料的原料。再者，大量生物质资源和废料可供在局部或者全球范围内来生产富含氢的燃气。

4.2.2 生物质制氢的挑战

如上所述，生物质资源具有加速在将来实现氢作为主要燃料能量中心系统的潜力。生物质是可再生的并且在其成长期间消耗大气中的CO_2，故比化石能源对于温室气体排放的影响要小得多。然而，从生物质制氢尚需面对巨大挑战。目前，还没有完美无缺的技术问世。从生物质制氢的产量低，这是因为生物质本身氢的含量就低(比起甲烷的25%来，生物质仅含氢大约6%)并且其能量含量也低，这是由于生物质的40%是氧的缘故。生物质产氢的一半以上来自于蒸汽还原反应中分裂水，原料的能量含量是产氢过程的一个固有极限。氢的理论产量作为原料中氧含量的函数关系示于图4-3。

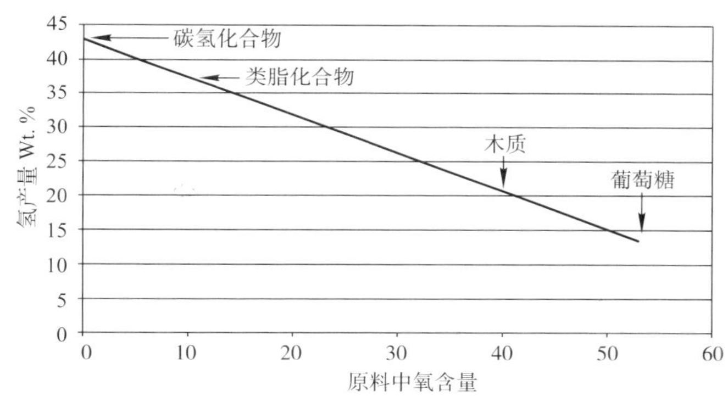

图4-3 氢的理论产量作为生物质原料中氧含量的函数关系
(来源：NREL)

依重量(Wt.)为基准的低氢理论产量其实是一种误导，因为生物质的能量转换效率还是相当高的。比如，在实验室示范的生物油在825°C下与5倍蒸汽的蒸汽还原具有高达56%的能量转换效率。

然而，生物质的种植、收获和运输的花费尚高。这样一来，尽管有高能量转换效率，生物质制氢还不能和没有高值副产品的天然气蒸汽还原制氢在经济上相比。除此之外，和所有其他制氢源一样，生物质制氢要求相应的氢储存和应用系统有待开发和部署。

4.2.3 生物质制氢的途径

生物质转换技术可以分为两大类：

(1) 直接氢生产路径；

(2) 可存储介质的转换。

直接氢生产路径具有简单的优点。间接的路径含有附加的生产步骤，但是具有能够分配中介生产布局以及减少生物质运输花费的优点。于是，中间介质可以被传输到一个中央大规模氢生产设施。两大类均有热化学和生物学的路径。图 4-4 描绘了这些生物质制氢的可能途径。

生物质制氢还有第三条路：代谢过程——借助光合作用或者通过光-生物机制实现转移反应。这条路尚在研究阶段，特别是在成品燃气中去除 CO 水平可能远远低于采用水煤气转移催化剂。因之，这种涤气方法特别适合用于燃料电池。

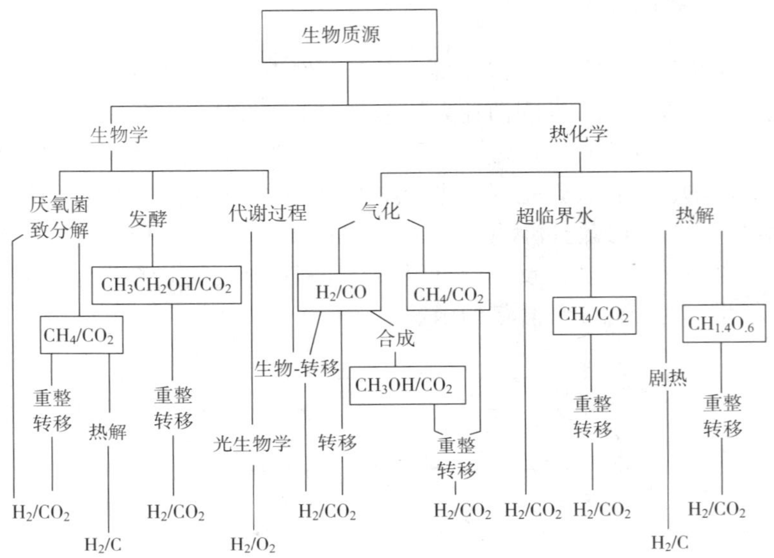

图 4-4　生物质制氢途径

（来源：IEA Task16）方框内表示可存储中间介质

4.2.3.1　生物质直接制氢

生物质气化是一个两步的过程：固体生物质经热化学转换成含低-或中-能量值的气体。天然气包含 35MJ/Nm^3 能量值；吹空气生物质气化产生大约 5MJ/Nm^3 能量值；吹氧生物质气化产生大约 15MJ/Nm^3 能量值。

在第一步——于 600℃ 热解，挥发份包括：碳氢化合物燃气、氢、CO、CO_2、焦油和水蒸气。焦油和灰没能蒸发。

第二步，焦油与氧、水蒸气或氢反应而气化。尚未气化的残余焦油燃烧产热去加强热解反应。

关于气化技术和气化器详情请读者参阅本书 3.3 节，本节不再赘述。

对于所有气化器均需要燃气调整，包括：去除焦油及非有机混杂物；将 CO 通过水-煤气转移反应变换成 H_2：

$$CO + H_2O \longrightarrow CO_2 + H_2$$

湿原料高压水成系统被一些研究者特别关注，这包括水成介入的超临界水-气化。

热解制氢和碳也是碳多价整合的一个技术变种，尽管它主要用于天然气热解。生物质或者由生物质导出的介质也可以采用这一方法。

借助厌氧菌致分解的生物学变换被世界各地广泛使用以制甲烷，再用通常蒸汽还原过程制氢。

4.2.3.2 可存储的中间介质

热解产生一种液态产品，称作“生物油”，它是继续开发燃料、化学品以及化学材料的几个过程的基础。这一反应是吸热的：

$$生物质+能量\longrightarrow生物油+焦油+燃气$$

产出这种生物油可以占到生物质重量的66%。美国人Chornet和他的同事开发出采用产生副产品之后生物油的剩余部分来生产氢的概念：生物油在750～850℃通过一个镍基催化剂依两步过程催化蒸汽还原，包括置换反应：

$$生物油+H_2O\longrightarrow CO+H_2$$

$$CO+H_2O\longrightarrow CO_2+H_2$$

化学分析计量表明：100g生物油(11.2%基于木质)可产出11.2g氢。

可以建立地区热裂解厂的管网将易于输送的生物油集中至中央蒸汽还原设施。这一过程与其他有机废物流，比如在乙醇生产和分离油脂中的水成蒸汽蒸馏过程相兼容。甲醇和乙醇还可以依不同技术从生物质中产出，进而用于在线还原以便运输。生物质厌氧菌致分解生产的甲烷可以和天然气一起还原。甲烷能够被热解成碳和氢。

系统分析表明：生物质气化、置换转换和天然气还原相比，除了生物质本身很便宜以及环境保护潜能之外，经济效益上无任何优势。和出现其他有价值的副产品一起，生物质热解产生氢的价格为6～8美元/GJ接近实用。

4.3 生物质制氢技术

传统的制氢工艺方法有电解水、烃类水蒸气重整制氢方法及重油(或渣油)部分氧化重整制氢方法。电解水方法制氢是氢与氧燃烧生成水的逆过程，因此只要提供一定形式一定的能量，则可使水分解成氢气和氧气。提供电能使水分解制得的氢气的效率一般在75%～85%。其中工艺过程简单，无污染，但耗电量太大，因此其应用受到一定的限制。烃类水蒸气重整制氢反应是强吸热反应，反应时需外部供热。热效率较低，反应温度较高，反应过程中用水量过大，能耗高，造成资源的浪费。重油氧化制氢重整方法，反应温度较高，制得的氢纯度低，也不利于能源的综合利用。

图4-4描绘生物质制氢途径主要有热化学转换制氢以及生物学转换制氢两大类。当然，热化学转换制氢尚有直接制氢和间接制氢之分，下面摘要叙述。

4.3.1 生物质气化制氢

4.3.1.1 生物质气化制氢概述

“生物质气化”指的是：生物质不完全燃烧导致产生可燃气体，包括一氧化碳（CO)、氢（H_2)、甲烷（CH_4）和不同碳氢化合物C_mH_n的混合体，被称为热裂解气(pyrolysis gas)。热裂解气可以直接用于驱动内燃机、热电联产(Combined heat and power，CHP）等。

关于气化技术和气化器在本书3.3节有较详细介绍。

可再生的生物质和由生物质衍生的燃料可以被气化进而产生富含氢的燃气或者氢。在安排生物质能量转换的体制中，生物质气化过程所产生的产品燃气基于特征的不同：或是高附加值的副产品，或是氢气。图 4-5 给出借助气化生物质制氢的大体流程框架。

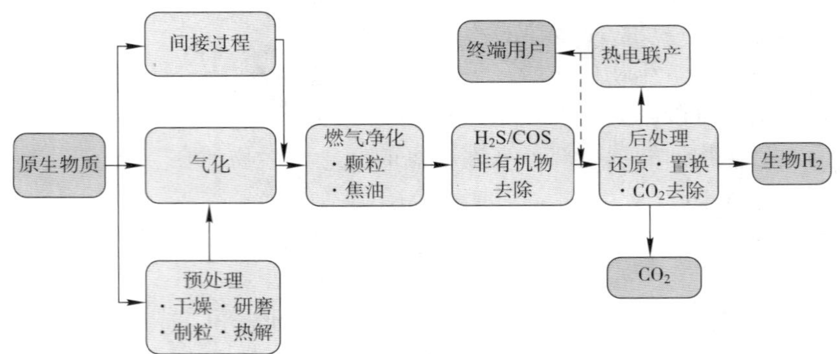

图 4-5　借助气化生物质制氢框图

(来源：IEA Task16)

4.3.1.2　生物质气化制氢后处理

截至目前为止，生物质热化学气化制氢是技术上最具大规模工业生产前景的生物质制氢工艺方法。然而，气化制氢还必须面对一些难题：

(1) 生物质进料种类繁多的预处理；

(2) 产出燃气的净化提纯，图 4-6 简单描绘生物质气化燃气处理过程。

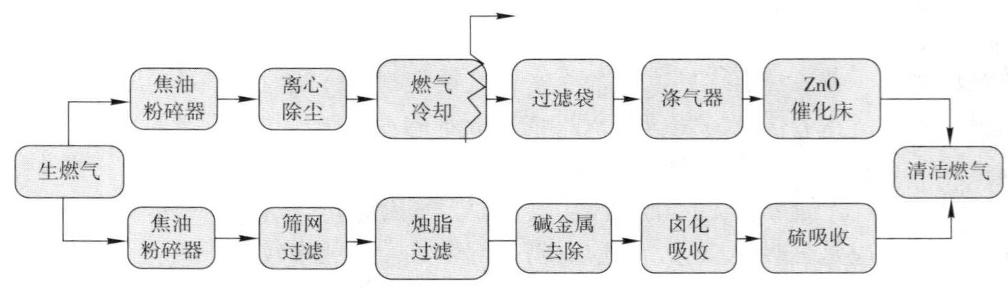

图 4-6　生物质气化燃气处理流程

(来源：IEA Task16)

4.3.1.3　生物质气化制氢采用膜技术

为提高氢气的纯度和产氢气率，催化剂的选用至关重要。据最新报道，美国 DOW 公司的项目使用膜技术净化提纯得到明显效果：一个膜反应器和气化器一起配合，产生足够高的氢气流，将达到 2012 年的预定目标 1.60USD/kg(不含运输)。图 4-7 给出这一膜技术应用于生物质气化制氢的情形。

4.3.1.4　间接生物质气化制氢

美国国家可再生能源实验室(NREL)提出两步走的过程：快速裂解生物质为生物油，然后蒸汽催化生物油产氢。此即间接生物质气化制氢过程：利用商业可供流动床设施及镍基催化剂，在 850℃ 下激活催化剂，喷入过热蒸汽后产品气经离心除尘再冷却，氢气产出

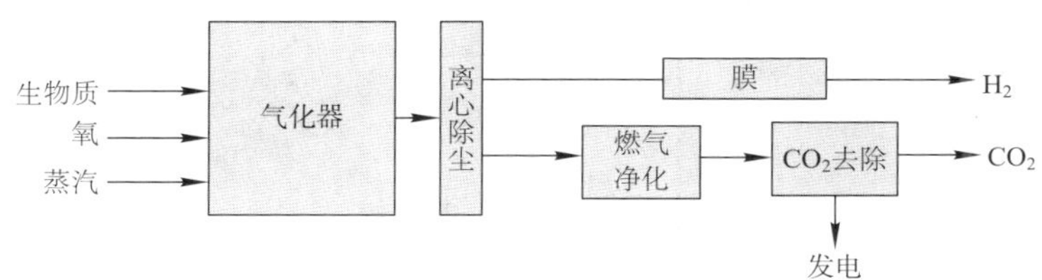

图 4-7 膜技术应用于生物质气化制氢
（来源：DOW 2010）

率可达 90%。此系统避免了生物质和氢气传输的困难，适合于集中和分散生物质气化制氢。

4.3.1.5 烃类水蒸气重整制氢

如前所述，湿原料高压水成系统被一些研究者特别关注。图 4-8 描绘借助氧化的碳氢化合物与水反应制氢的反应路径。

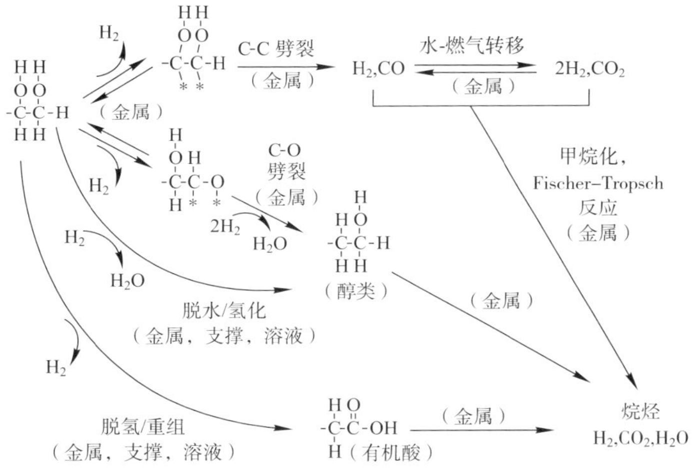

图 4-8 借助氧化的碳氢化合物与水反应制氢的反应路径
（来源：R. D. Cortright *et al.*）

4.3.2 生物质超临界水-气化制氢

本节着重介绍水成介入的超临界水-气化制氢。

4.3.2.1 生物质超临界水-气化制氢简介

超临界水(Supercritical water，SCW)存在于压力高于 2.2MPa 并且温度高于 374℃的环境。有机物在超临界水的作用下(没有氧气介入)，变成燃料气并且在冷却到常温时易与水分离。生产的高压产品燃气富含氢气。

和其他生物质热化学气化(如空气气化或者蒸汽气化)相比，生物质超临界水气化可以不用干燥直接处理湿生物质；在低温也具高气化效率。然而，目前生物质超临界水气化制氢的成本高出蒸汽重组制氢成本好多倍。图 4-9 简单描绘了生物质超临界水气化制氢示范厂工艺流程及重要参数。

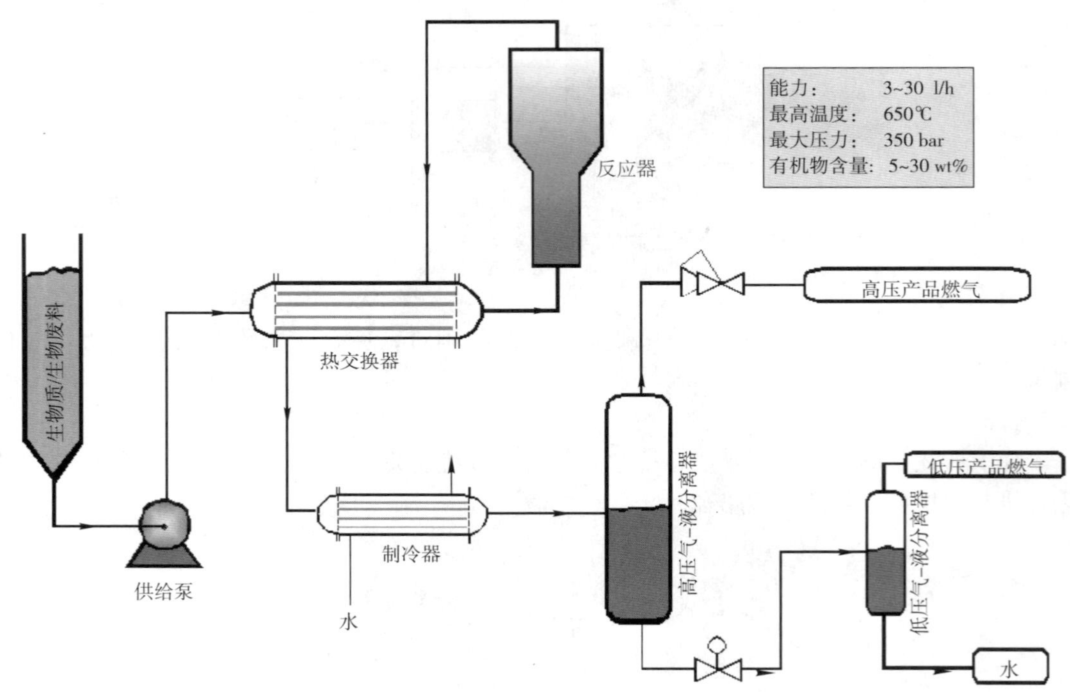

图 4-9　生物质超临界水气化制氢示范厂工艺流程及重要参数
(来源：BTG)

4.3.2.2　生物质超临界水-气化制氢化学过程

超临界水(SCW)-有机化学作用是随水温度升高的渐变过程。当温度达 600°C，水变成强氧化剂。遂与生物质中的高密度碳生成 CO_2，水中和生物质基体中的氢原子自由生成 H_2。葡萄糖作为一个典型例子有：

$$C_6H_{12}O_6 + 6H_2O \longrightarrow 6CO_2 + 12H_2$$

或者

$$2C_6H_{12}O_6 + 7H_2O \longrightarrow 9CO_2 + 2CH_4 + CO + 15H_2$$

4.3.2.3　生物质超临界水-气化制氢工艺设施简述

图 4-10 是荷兰一家生物质超临界水气化制氢示范厂工艺设施图示。左边图片是反应器和燃气分离器；右边图片是上料部分和过程控制设施。

如图 4-9 所示，碳转化仅需 2 分钟(温度：600～650℃；运行压力 30MPa)。高压气液分离(T=25～300℃)时，CO_2尚溶解在水中。

可能的杂质如 H_2S、NH_3和 HCl 也可利用其高溶水性予以分离剔除。

高压产品燃气主要是 H_2、CO、CH_4以及少量 CO_2。低压产品燃气 CO_2相对较多，仍可燃烧，常用于过程热。

上料部分特别适用于潮湿生物质(湿度 70%～95%)。利用污水淤泥等有较大潜能。

4.3.2.4　生物质超临界水-气化制氢应用现状

比起合成气(syngas)，生物质超临界水气化产品燃气含氢气比率高，纯净，短时间全部碳转化，无焦油，较长时间后 CO 几乎消失。

现在主要还在研究阶段，希望迅速商业化，目前运行成本尚高。

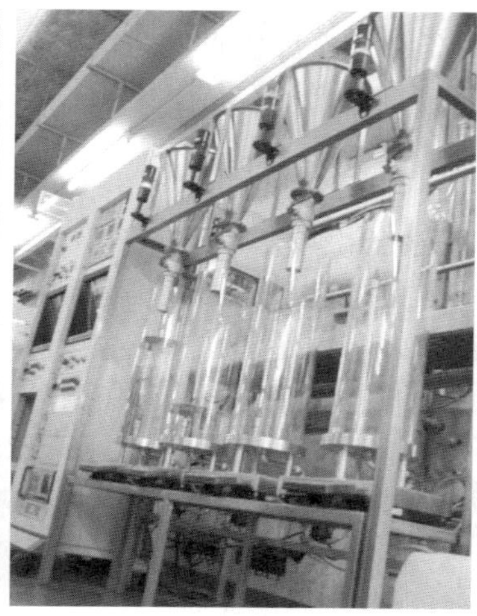

图 4-10 荷兰一家生物质超临界水气化制氢示范厂工艺设施图示
(来源：BTG)

4.3.3 生物质等离子制氢

利用生物质、垃圾和水借助等离子方法和设施工业化制氢成本低。潮湿生物质不用干燥和压碎直接送入燃炉，隔离空气，借助等离子技术激活水分子并分解。用等离子体进行生物质转化是一项完全不同于传统生物质转化形式的工艺，引起了许多研究者的注意。目前产生等离子的手段有很多，如聚集炉，极光束，闪光管，微波等离子以及电弧等离子等。其中电弧等离子体是一种典型的热等离子体，其特点是温度极高，可达到上万度，并且这种等离子体还含有大量各种类型的带电离子、中性离子以及电子等活性物种。生物质在氮的气氛下经电弧等离子体热解后，产品气中的主要组分就是 H_2 和 CO，并完全不含焦油。在等离子体气化中，可通入水蒸气，以调节 H_2 和 CO 的比例，为制取其他液体燃料作准备。

欧洲正着手这方面研究。如法国项目“BIOFUEL AND HYDROGEN PRODUCTION FROM BIOMASS GASIFICATION BY USE OF THERMAL PLASMA”，不过产生等离子尚需大量电能。

4.3.4 生物质制氢的生物学方法

4.3.4.1 生物质制氢的生物学方法概述

生物学方法制氢一个世纪以前就有，不过仅在实验室进行生物制氢过程可以分为5类：

(1) 直接生物光分解法；

(2) 间接生物光分解法；

(3) 生物学水-气转移反应；

(4) 光-发酵制氢；

(5) 暗发酵制氢。

所有这些过程均是受控于产氢酶，如氢化酶(hydrogenase)和固氮酶(nitrogenase)。

固氮酶的主要成分是钼铁蛋白质（MoFe Proten）和铁蛋白质（Fe Proten）。固氮酶能利用镁三磷酸腺苷（magnesium adenosine triphosphate，MgATP）和电子 e⁻来推动如下产氢化学反应：

$$2e^- + 2H^+ + 4ATP \longrightarrow H_2 + 4ADP + 4Pi$$

式中　ADP 是腺苷二磷酸(adenosine diphosphate)；

Pi 是无机磷酸盐(inorganic diphosphate)。

氢化酶存在于大多数光合微有机物中并且分为两类：

(1) 吸氢氢化酶，如 NiFe 和 NiFeSe 作为催化剂促进反应：

$$H_2 \longrightarrow 2e^- + 2H^+$$

(2) 可逆氢化酶，随反应条件不同使反应可逆：

$$H_2 \leftrightarrow 2e^- + 2H^+$$

4.3.4.2　直接生物光分解制氢

直接生物光分解制氢是利用微生物海藻光合作用系统将太阳能以如下氢的形式变成化学能：

$$2H_2O \xrightarrow{太阳能} 2H_2 + O_2$$

两个光合系统(PSI 和 PSII)对光合作用反应不同：PSI 产生二氧化碳还原所需的还原剂；PSII 致水分裂而导出氧。在此直接生物光分解过程中，由水得出的两个光子可以借 PSI 产生二氧化碳还原或者于存在氢化酶的条件下通过 PSII 生成氢。在绿色植物中，由于没有氢化酶，仅产生二氧化碳还原。如若存在含有氢化酶的蓝藻(cyanobacteria)，就可产氢。这里，PSII 吸收光能产生电子，再利用 PSI 吸收的太阳能将电子转移到铁氧化还原蛋白(Ferredoxin，Fd)。此时，氢化酶从铁氧化还原蛋白(Fd)处接受电子而生成氢气。此过程简单地示于图 4-11。

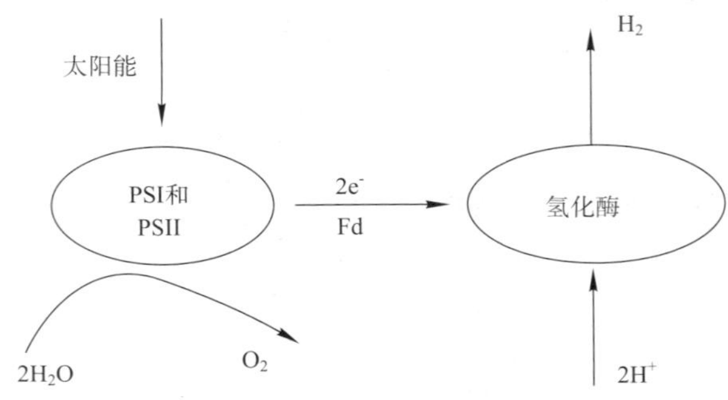

图 4-11　直接生物光分解制氢简图

(来源：M. Ni *et al.*)

鉴于氢对于氧十分敏感，必须将含氧量控制到 0.1%以下，才能确保持续产氢。这一前提条件可以通过绿藻(chlamydomonas)的氧化呼吸而耗尽氧。但是，此过程效率较低，限制了氢的生产。最近从微藻类导出的变种生物有助于明显改善这一限制。

有报道，直接生物光分解制氢成本估计约为 20USD/GJ。

4.3.4.3　间接生物光分解制氢

按照国际能源局(IEA)，间接生物光分解制氢分四步进行：

(1) 光合作用制生物质；
(2) 生物质浓缩；
(3) 厌氧暗发酵在海藻细胞中产生 4mol 氢/mol 葡萄糖以及 2mol 乙酸盐；
(4) 将 2mol 乙酸盐变成氢气。

含有氢化酶的蓝藻(cyanobacteria)常用于下列反应制氢：

$$6H_2O+6CO_2 \longrightarrow C_6H_{12}O_6+6O_2$$

$$C_6H_{12}O_6+6H_2O \longrightarrow 12H_2+6CO_2。$$

间接生物光分解制氢过程简单地示于图 4-12。

由于间接生物光分解制氢尚处于研究阶段，制氢成本取决于技术的进步。

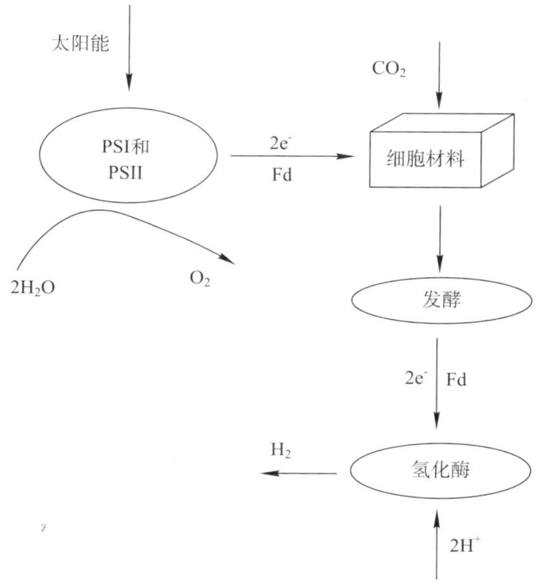

图 4-12 间接生物光分解制氢过程简图
(来源：IEA)

4.3.4.4 生物学水-气转移反应制氢

某些光异质细菌如红螺(rhodospirillum rubrum)可以在黑暗中生存，仅用 CO 作唯一碳源，并且产生三磷酸腺苷(adenosine triphosphate，ATP)，借助 CO 氧化将 H^+ 还原成 H_2：

$$CO+H_2O \leftrightarrow CO_2+H_2。$$

平衡时，主要产品气是 CO_2 和 H_2。

生物学水-气转移反应制氢尚处于实验室研究阶段，制氢成本取决于技术的进步，特别是控制甲烷含量不超过 3%。

4.3.4.5 光发酵制氢

图 4-13 勾画出光发酵制氢简单过程：光合细菌可以利用太阳能和生物质的有机酸在其固氮酶的作用下产氢。

这一过程尚有如下缺点：

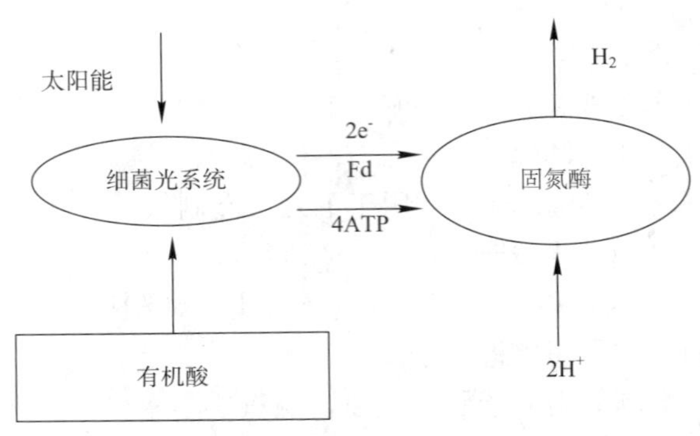

图 4-13　光发酵制氢简单过程
（来源：M. Ni *et al.*）

（1）采用固氮酶需高能量；

（2）太阳能转换效率低；

（3）要求大面积厌氧光生物反应器。

因此，目前光发酵制氢还未具备与其他制氢方法竞争的能力。

4.3.4.6　暗发酵制氢

如图 4-14 所示，并不像光发酵制氢那样只是氢气作为单一产品气，暗发酵产品气大部分是氢和二氧化碳，尚有甲烷和硫化氢等杂质。当然，这与过程有关。因此，气体分离必不可少。

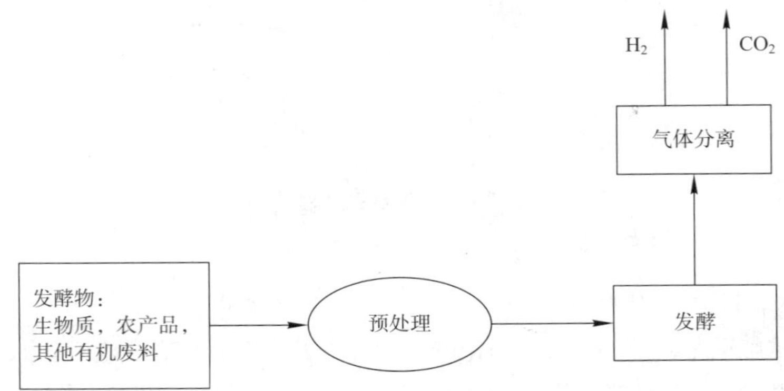

图 4-14　暗发酵制氢简单过程
（来源：M. Ni *et al.*）

4.3.5　生物质制氢方法小结

生物质可再生、资源丰富、使用容易、生命周期内由于绿色植物的光合作用 CO_2 排放几乎为零。

生物质热化学的热解和气化方法已经具有竞争力与传统天然气重整制氢方法在经济上一较高低。生物学暗发酵将来会有商业化的潜能。

生物学暗发酵制氢在生产量上与 pH 值的掌控、水力停留时间（hydraulic retention

time，HRT)以及气体分压(gas partial pressure)密切相关。

因此，生物技术欲达到工业化生产水平尚需多年的努力。

4.4 国际能源局关于生物质制氢的展望

国际能源局(IEA)评估：

(1) 生物质是近期内唯一的可再生能源——成为不再要求主要科学突破、不再求助于采用电能(已经可以由可再生能源生产)就能制氢的途径。如是，生物质制氢成为分享可再生能源进入世界能量大家庭值得祝贺的一条道路。

(2) 在一个有望2050年之前实现的、充分发展的氢-中心能量系统中，氢作为主要能量载体，和电同等重要。生物质作为可持续的途径，贡献所需氢的20%。

(3) 在转型期，生物质应当以合理的成本贡献所需基于可再生氢的大部分。按照估计，直至2030年，氢作为能量载体相当于主要能量载体——电10%为止。

(4) 生物质热化学气化方法和产品气提纯制氢显然是在10～15年间实现商业化的候选。继续采用已经商业化的煤气化技术；其余的还要为一致的集中的工业化而努力。现今对Fischer-Tropschranliao1的重视将成为对生物质气化技术和展示的驱动力。

(5) 生物质制氢对于现在和将来的氢市场都有促进作用。生物质热化学气化方法借助合成气制氢在纯度上已经可以与天然气蒸汽重整媲美。尽管如今的聚合物电解质膜(Polymer Electrolyte Membrane，PEM)燃料电池原型要求高纯度的氢，这也不会对在采用PEM新一代燃料电池汽车(估计10～15年投放市场)使用生物质制氢构成限制。

(6) 生物质和化石燃料(如煤)共烧能大大地扩展生物质制氢的范围和提高生物质制氢的经济性能。

(7) 生物质制氢技术链很大程度上与液体生物燃料相关，互相促进。

4.5 燃料电池

4.5.1 燃料电池概述

氢是一个万能的能量承载者，可以提供给任何终端用户动力。燃料电池是一种能量转换装置：能够高效地捕捉和利用氢功率；是这一万能能量承载者的功力得以充分发挥的关键。

(1) 静态燃料电池可以作为备用电源、远程局地电源、分散地区发电以及发电综合利用。

(2) 供所有手提式设施电功率。

(3) 为运输提供动力：私人汽车、卡车、公共汽车、船舶；以及为传统运输技术提供辅助动力。氢在将来替代汽油——现在我们汽车运行中起重要作用的资源，至关重要。

4.5.2 燃料电池的特点

燃料电池的功能：

(1) 燃料电池直接将氢中的化学能转换成电能、纯净水和潜在能用的热为副产品。

（2）由氢作动力源的燃料电池不仅无任何污染，并且还能有2～3倍传统燃烧技术的能量效率：

1）通常基于燃烧的典型发电能量效率33%～35%，而燃料电池系统发电效率达60%，考虑热电联产会更高。

2）一般汽油引擎能量效率小于20%（包括化学能变汽油，再驱动车在常规条件下行驶），而氢燃料电池车辆可以在同样条件下效率达40%～60%，相应比起通常汽油内燃机车节约燃料50%。

（3）除此之外，燃料电池运行安静，极少运动部件，适合各种不同类型用途。

4.5.3 燃料电池运行原理

一个单个的燃料电池由加在两个电极（一个阳极和一个阴极）间的电解质“三明治”结构组成。每边的双电极板既作为分配气体又作为电极引出端。最被广为看好在轻体运输车辆上应用的聚合物电解质膜（PEM）燃料电池中，氢气穿过通道到阳极，这里催化剂引发氢分成质子和电子。聚合物电解质膜仅仅允许质子穿过抵达电池的另一边。而带负电的电子流经外电路到达阴极。此电子流即可做功的电力，比如说供电动机动力。

在燃料电池另一边，典型地从外面空气中吸入氧，穿过通道到阴极。当电子做功后返回阴极，在阴极处与氧和穿过膜过来的氢质子反应生成水。这是一个放热反应，产生的热可用于燃料电池之外。图4-15简单描绘了这一工作过程。

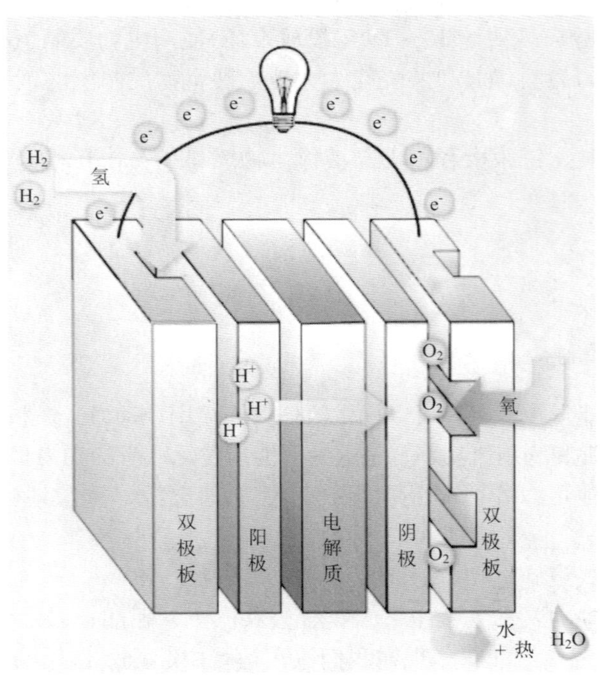

图4-15　氢燃料电池工作过程

（来源：TOE）

燃料电池产生的功率取决于几个因素，包括燃料电池的类型、大小、运行温度以及供气压力等。单个的燃料电池一般产生 1W 电功率，尚可应用多个串并联，比如：计算机(50～100W)；家庭(1～5kW)；车辆(50～125kW)以及中心发电站(1～200MW)。

4.5.4 燃料电池技术比较

一般来说，燃料电池具有相同的基本结构——一个电解质和两个电极。所谓燃料电池的不同类型主要区分是电解质。电解质决定了在燃料电池中发生的化学反应类型、运行温度范围以及确定其最适合的应用场合。表 4-1 罗列了燃料电池技术比较。

燃料电池技术比较 **表 4-1**

燃料电池类型	运行温度(℃)	系统输出(kW)	效率（%）	应　　用
碱性(AFC)	90～100	10～100	60～70（电）	* 军事 * 空间技术
磷酸性(PAFC)	150～200	50～1000	80～85（CHP）	分散电热厂
聚合物电解质膜(PEM)	50～100	<250	50～60（电）	* 备用电源 * 便携 * 小型分散电热厂 * 运输业
熔融碳酸盐(MCFC)	600～700	<1000	85（CHP）	* 大电用户 * 大型分散电热厂
固体氧化物(SOFC)	650～1000	5～3000	85（CHP）	* 辅助动力 * 大电用户 * 大型分散电热厂

（表 4-1 资料来源：TOE）

4.5.5 燃料电池的挑战

燃料电池商业化所面临两个最大挑战是降低成本和延长使用寿命。燃料电池系统必须在成本上有竞争力并且在全生命周期内比传统电力技术运行更好。

现今燃料电池研究的重点在于确认和开发能降低成本和延长使用寿命的新材料，包括：膜、催化剂、双极板以及膜-电极组合。低成本大容量燃料电池生产过程有助于燃料电池系统比传统电力技术成本上有竞争力。

4.5.6 燃料电池车辆

4.5.6.1 燃料电池在运输车辆应用对节能低碳的贡献

燃料电池在运输车辆的应用使车辆的耗油量锐减。图 4-16 展现基于 IEA 研究项目结果，至 2020 年各种不同类型节省能源运输车辆的耗油量比较(以每英里所耗英国热量单位计)。

与此同时，燃料电池在运输车辆的应用也让车辆的温室气体排放量锐减。图 4-17 描绘基于 IEA 研究项目结果，至 2020 年各种不同类型节省能源运输车辆的温室气体排放量比较(以每英里排放的 CO_2 等效温室气体 g 计)。

4.5.6.2 世界燃料电池在交通工具领域应用

氢作为将来的能量承载者，将会给我们生活的很多方面带来革命性的改变。驱动交通工具首当其冲。氢燃料电池可算开启可再生能源进入这些领域大门之匙。

当然，驱动交通工具有两种途径：一种是完全由氢替代汽油作燃料仍借内燃机直接驱

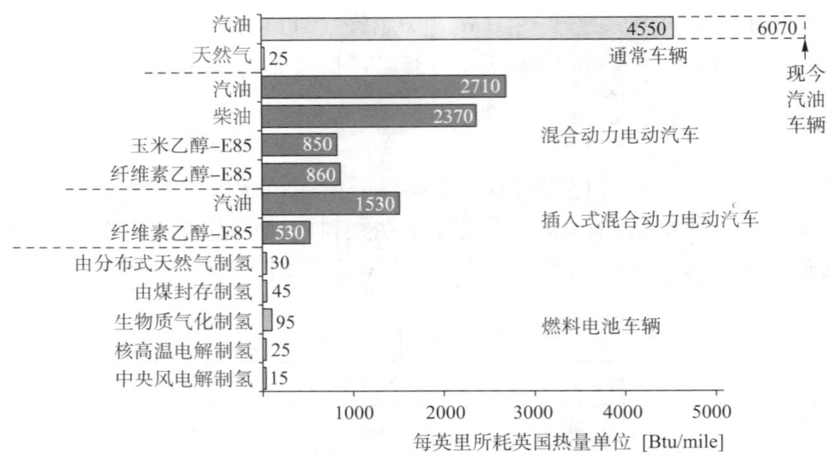

图 4-16 2020 年各种不同类型节省能源运输车辆的耗油量比较

（来源：IEA）（依每英里所耗英国热量单位计）

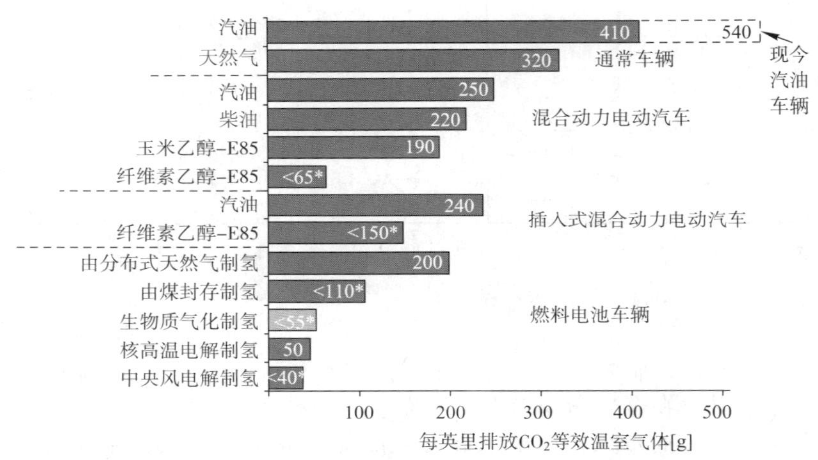

图 4-17 2020 年各种不同类型节省能源运输车辆温室气体排放量的比较

（来源：IEA）（以每英里排放的 CO_2 等效温室气体 g 计）

动；另一个选择是在交通工具中以氢作为燃料产电供给电动机拖动。

采用氢燃料电池的优点在于：排出的仅仅是水、无噪声和振动、比内燃机有更高的效率、节省能源。当一辆燃料电池驱动的轿车来到红绿灯前，没有任何声响，因为完全停车。我们的城市将不再躁动喧嚣。

如今世界上几乎所有私人汽车大生产厂家都在开发氢燃料电池汽车。比如，BMW 于 2007 年已提供第一辆氢燃料电池汽车给客户。美国、欧洲和日本均宣称将在 2012 年氢燃料电池汽车上市。

然而，基础设施限制了购买者的区域。这一状况会在 2018 年后得到改观。日本、韩国、德国、美国等不断出现氢燃料电池汽车自助组织；全世界有几百辆氢燃料电池私人汽车(美国 200 辆)在试运行；重要问题仍是基础设施：欧洲有 10000 个加氢站正在建设之中。

至于氢燃料电池公共汽车，欧洲有 47 辆在 12 个地区试运行。美国有 20 辆公共汽车试运行，共有60座加氢站。

由于目前柴油机的高效，氢燃料电池载重汽车会遇到阻力较大。

火车、轮船氢燃料电池的开发都在讨论酝酿之中。

说到氢燃料电池飞机：早在20世纪的80年代俄罗斯就在TU154试运行超过100小时。欧洲航空亦在研究设计之中。

4.5.6.3 燃料电池在交通工具应用研究重点

燃料电池在交通工具应用研究重点在于开发新材料促进改善经济性能和耐久性；环境友好(包括排放、再循环、健康和安全)，例如：

(1) 减轻重量，改善燃料效率而无须在安全、耐久性和舒适性间折中——车总重量降10%，燃料经济性改善7%。

(2) 表面工程包括先进薄膜技术与结构组合；研究润滑化学减小摩擦而改善耐久性；有望提高能量效率10%～15%。

(3) 新的耐久镀层技术改善热力学、磨损和环境管理性能。

(4) 革命性材料(纳米材料、纳米结构材料和纳米组分)以减轻重量、改善性能和镶嵌功能特性。

5 生物质固体燃料混烧技术

生物质固体燃料(多与煤粉)混烧(co-firing)是目前经济效益最好、危险性最小、规模最大的可再生能源应用技术。混烧技术还可以降低燃煤电厂的 NO_x 和 SO_x 排放。

5.1 生物质混烧概述

作为应对全球暖化的措施，工业发达国家制订了促进采用可再生能源发电的资助方针。其中之一是 RPS(Renewable Portfolio Standard)，并随后于 2003 年 4 月立法。可替代能源包括可再生生物质发电的比例从 2003 年的 3.3GkWh 增加到 2010 年的 12.3GkWh。

5.1.1 生物质固体燃料与煤粉混烧技术对于减少温室气体排放的贡献

一个生物质固体燃料(比如木质生物质)与煤粉混烧(co-firing)的简单安排示于图 5-1。

生物质固体燃料与煤粉混烧技术对于减少温室气体排放，特别考虑到全生命周期的贡献在图 5-1 中十分明显，近 20%。

与此同时，生物质固体燃料与煤粉混烧技术还能节省化石能源和降低废物处理费用。

5.1.2 生物质固体燃料与煤粉混烧技术应用

过去 5～10 年生物质固体燃料与煤粉混烧技术的发展有明显增加。一些更新改造的工厂作为示范厂的同时，更有新建发电厂设计中就已经考虑了生物质固体燃料与煤粉混烧技术。

典型生物质固体燃料与煤混烧技术应用范围大约是 50～700MW_e。大部分装备有煤粉锅炉(包括四角切向燃烧、前墙燃火、后墙燃火、双墙燃火和气旋燃烧等)。此外，沸腾和循环流化床锅炉、气旋锅炉、炉排推料锅炉均有使用。已经对各种具商业价值的燃料(褐煤，次烟煤，烟煤和石油焦炭)作了测试，并与主要生物质类型(既有草本和木本燃料残留物，也有能量作物)实验配合混烧。

5.1.3 生物质固体燃料与煤粉混烧技术三种类型

基于商业化设施，生物质固体燃料与煤粉混烧技术有三种类型，包括：

(1) 直接混烧：应用最广泛，花费最低。生物质固体燃料与煤粉在同一燃烧室燃烧；基于生物质固体燃料特性，与煤使用同一或者分开的破碎设施。图 5-2 显示在流化床中生物质与煤直接混烧。

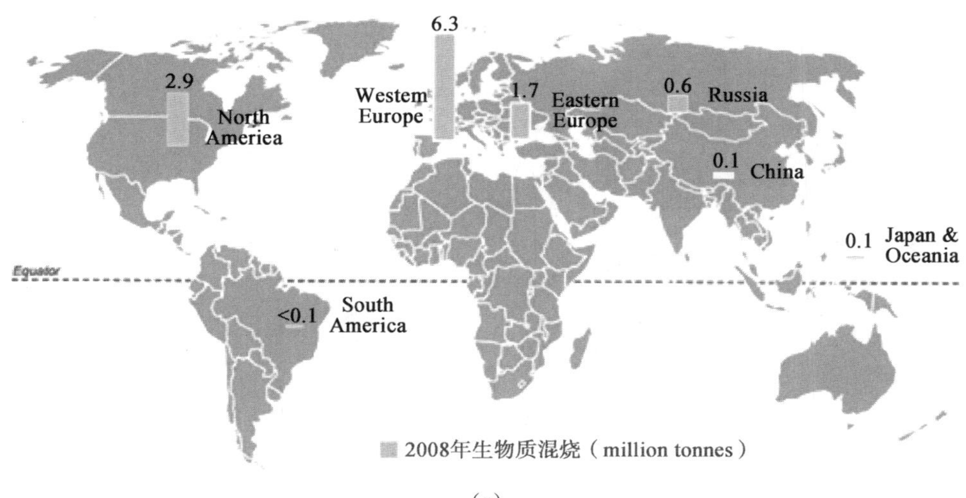

(a)

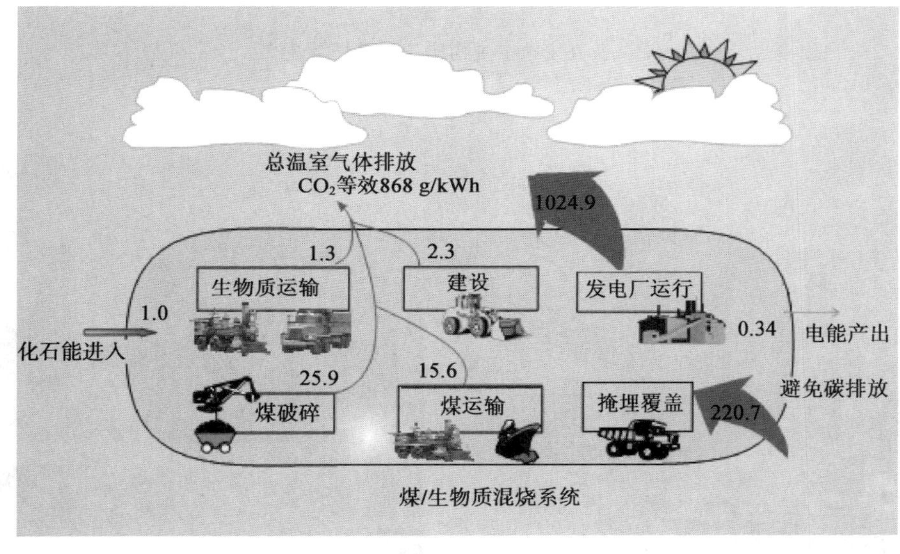

(b)

图 5-1 生物质固体燃料与煤粉混烧技术世界发展以及对于减少温室气体排放的贡献
(a)世界范围内 180 个生物质混烧发电厂(来源：Poyry Forest Industry Consulting)；
(b)生物质混烧发电减少温室气体排放的贡献(来源：NREL)

(2) 间接混烧：生物质气化器可以将生物质固体燃料原材料变换成清洁燃气形式，然后与煤在同一燃烧室燃烧。这一间接混烧方式可以拓宽采用生物质固体燃料原材料范围，特别是对于难以破碎的生物质固体燃料原材料。另外，在燃烧之前，燃气经过滤、净化变得纯净。试验项目诸如：奥地利 Zeltweg 厂和荷兰 AMERGAS 项目。

(3) 在煤发电厂蒸汽系统中，完全独立地安装生物质固体燃料锅炉来增加蒸汽量，调剂蒸汽参数。试验项目例如丹麦 Avedøre Unit 2 项目。图 5-3 给出生物质固体燃料与煤粉混烧图片及流程举例。

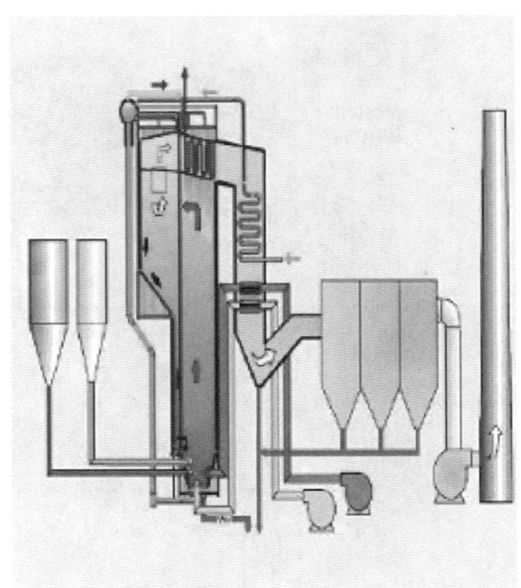

图 5-2　在流化床中生物质与煤直接混烧
(来源：FOSTER)

(a)

(b)

图 5-3　生物质固体燃料与煤粉混烧举例（一）
(来源：EEST)
(a)改造成生物质固体燃料与煤粉混烧的美国 NIOSH 锅炉厂；(b)发电厂 *Delta Electricity*，*Wallarawang* 澳大利亚；

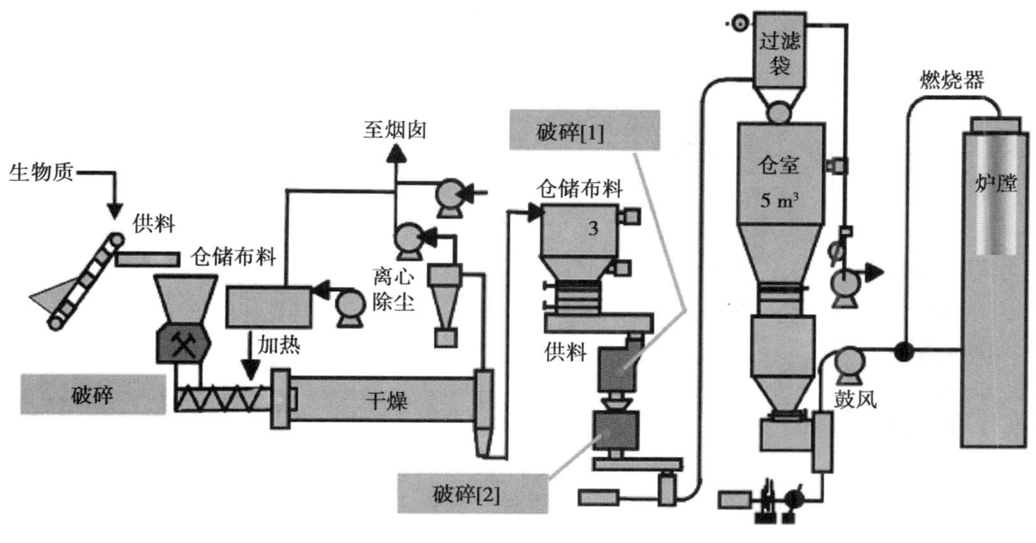

(c)

图 5-3 生物质固体燃料与煤粉混烧举例（二）
(来源：EEST)
(c)日本一混烧样板试验厂工艺流程(来源：K. Mae)

5.2 生物质预处理

5.2.1 生物质与煤混烧技术遇到的挑战

生物质与煤混烧技术遇到最大的挑战是：锅炉运行取决燃料的特性，即煤和生物质特性的不同。这些问题可以归纳如下：

（1）生物质比煤更早热解；

（2）生物质所含挥发份比煤更多；

（3）生物质所含挥发份的热量贡献占到70%，而煤所含挥发份的热量贡献仅占30%～40%；

（4）生物质所含挥发份的比率热值（kJ/kg）比起煤所含挥发份的比率热值要低；

（5）生物质焦炭比煤的焦炭有更多氧化物、更多空隙、反应更活跃；

（6）生物质的灰分本质上更显碱性，因此可能加剧脏污问题；

（7）生物质可能含有高氯成分。

生物质通常含高湿度，遂导致相对低的燃料的卡(路里)热值，必然给燃烧特性带来负面影响。另外，生物质原料具有低的体密度、潜在的高氯成分以及吸湿(水)特征。

发电厂对生物质特性的要求包括：总体灰分，熔化特性和化学组分。典型地说，生物质组成部分应比煤的灰分少，但是往往导致传热表面脏污的碱性金属在生物灰分中含量高。

生物质原料体块密度比煤低，这引发高昂的存储、运输和处理费用。另外，生物质原料的非脆特性导致生物质原料很难破碎颗粒化。鉴于锅炉运行取决于生物质原料的燃烧特性，对生物质原料的预处理会避免或者减少这些挑战。

5.2.2 对生物质原料的预处理

对生物质原料的预处理包括：

(1) 干燥；

(2) 定尺寸；

(3) 聚团；

(4) 制球；

(5) 压块；

(6) 清洗、浸出；

(7) 烘焙；

(8) 热解。

图 5-4 勾画出对生物质原料的预处理措施的组合。

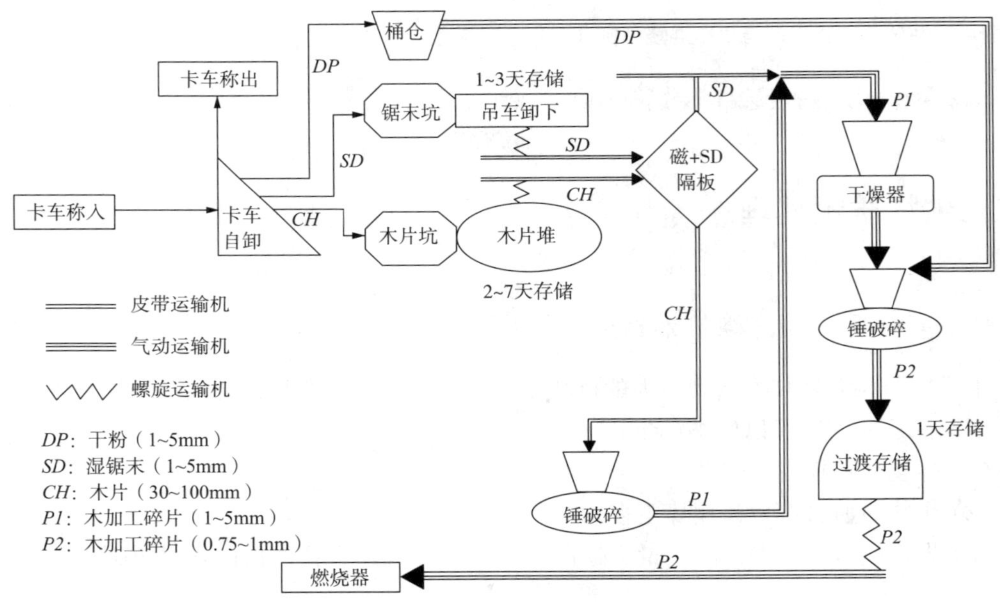

图 5-4 生物质原料预处理过程

（来源：KEMA）

5.3 几个生物质混烧示范项目简介

从 20 世纪 90 年代起，丹麦、奥地利等欧洲国家开始对生物质能发电技术进行开发和研究。经过多年的努力，已研制出用于木屑、秸秆、谷壳等发电的锅炉。在美国，有 300 多家发电厂采用生物质能与煤炭混合燃烧技术，装机容量达 6000MW。国内已有多家锅炉厂家生产生物质和煤混烧的链条炉和流化床炉，分别在东南亚国家和我国广东等省运行。

5.3.1 丹麦 Avedøre 多种燃料发电厂

Avedøre 多种燃料发电厂坐落于丹麦哥本哈根南部，是世界上能量利用效率最高的热电联产发电厂。

Avedøre 多种燃料发电厂由 DONG Energy 运营。Avedøre 多种燃料发电厂供丹麦北发电网，并且对哥本哈根市地区供热。它为哥本哈根市 280000 个家庭供热。图 5-5 描述了 Avedøre 多种燃料混烧发电厂外观及简单并行(parallel)工艺流程。

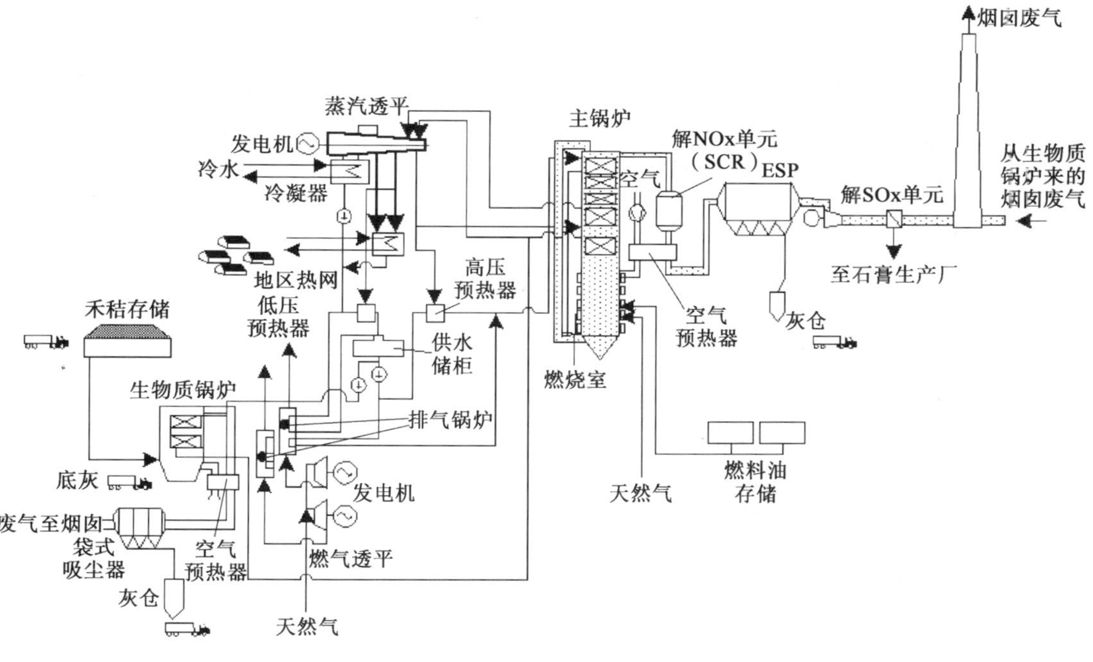

图 5-5 Avedøre 多种燃料混烧发电厂并行工艺流程
(来源：DONG Energy)

Avedøre unit 1 始运行于 1990 年，由油和煤混烧发电。Avedøre unit 2 始运行于 2001 年，运行分三种模式：①超临界锅炉发电厂；②燃气透平发电厂；③生物质发电厂。

Avedøre unit 2 采用全新多种燃料的概念，配备尖端技术，包括：超临界锅炉，世界上最先进的蒸汽透平机，最大的在建禾秸-燃火生物质锅炉以及给水预热用航空燃气轮机。

此具有 570MW 发电功率的 Avedøre unit 2 发电厂可以用生物质工作，并采用其他相应办法减少对环境影响。此位于哥本哈根南部地区的 Avedøre unit 2 发电厂毗邻 250MW 热电联产发电厂 Avedøre-1。此项目通过批准的前提条件是减少 CO_2(10%)，NO_x(20%)以及 SO_2(30%)排放。

5.3.2 BioCoComb 发电厂(奥地利 Zeltweg)

在 BioCoComb 发电厂这一欧洲规划示范项目中，一个用于生物质：树皮、木片、锯末等的流化床(CFB)气化器安装在奥地利 Zeltweg 的一座发电容量 137MWe 的煤粉燃烧发电厂。项目团队由 Verbund/Draukraft(奥地利)，ENEL(意大利)，ESB(爱尔兰)，EVS(德国)，Electrabel(比利时)组成，并由 Technical University of Graz(奥地利)作顾问。图 5-6 给出了 BioCoComb 发电厂工艺流程框图。

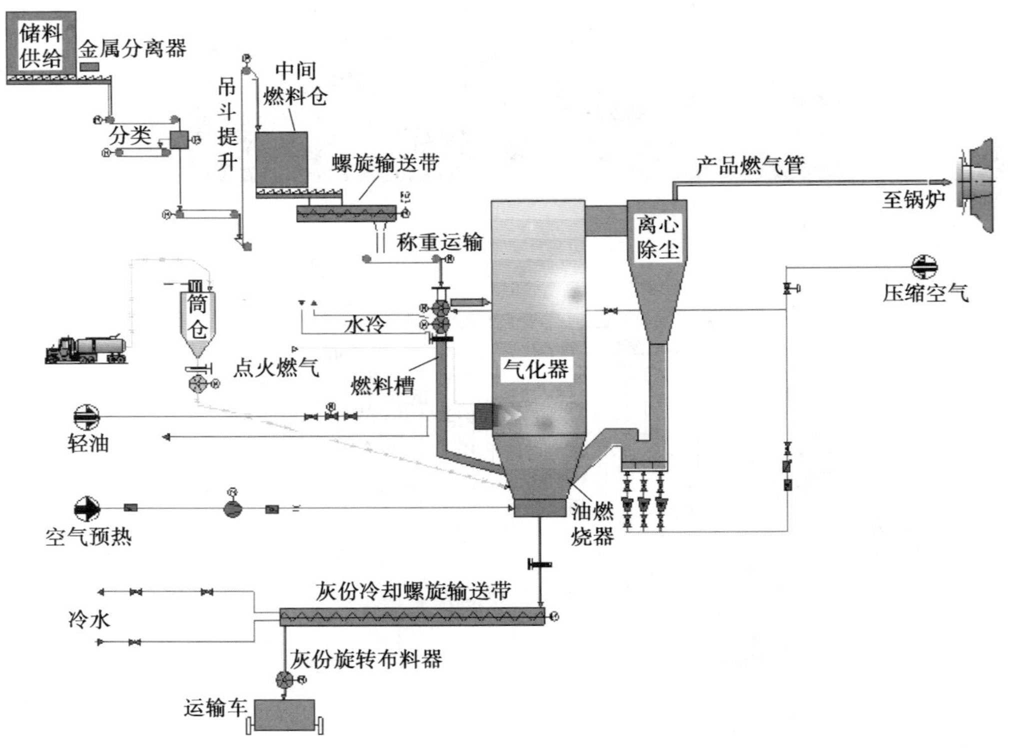

图 5-6 BioCoComb 发电厂工艺流程框图

(来源：IEA Task 36)

此概念基于生物质(水含量达 40%～50%的树皮、木片、锯末等)在流化床的气化。此时，空气进入系统使之达到如此程度：部分燃料燃烧产生其余生物质气化所需热量，氧量并不供足。因为既不是完全燃烧，也并非完全气化，它被称为“部分气化”。从气化器出来的燃气不必冷却直接进入锅炉；这里，从气化器出来的燃气作为辅助燃料，替代部分煤。这样一来，不仅减少了 CO_2的排放；通过这种“再燃烧” NO_x的降低亦引人瞩目。

图 5-7 展示 BioCoComb 发电厂气化器与锅炉的连接。此处，流化床气化器安装在锅炉附近，从气化器出来的热燃气经热燃气管道直接进入锅炉。发生“部分气化”是经过特殊设计的。因此，生物质不必预先干燥并且燃气亦无需净化。

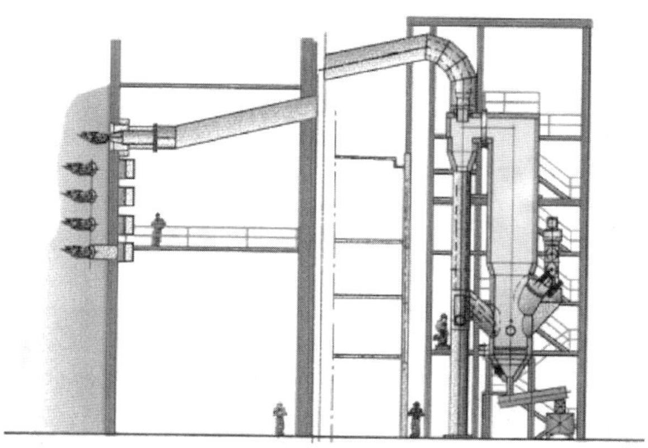

图 5-7　BioCoComb 发电厂气化器与锅炉的连接
(来源：IEA Task 36)

5.3.3　英国 Drax 生物质直接喷射技术的开创性项目

Drax 是生物质直接喷射技术的开创性项目。最新 500MW 混烧发电能力是世界最大混烧发电厂，每年混烧大于 1500000t 生物质球团。图 5-8 显示该项目示范发电厂鸟瞰图。图 5-9 展示 Drax 项目示范发电厂存储、工艺过程及生物质原料。

图 5-8　Drax 项目示范发电厂鸟瞰
(来源：Drax)

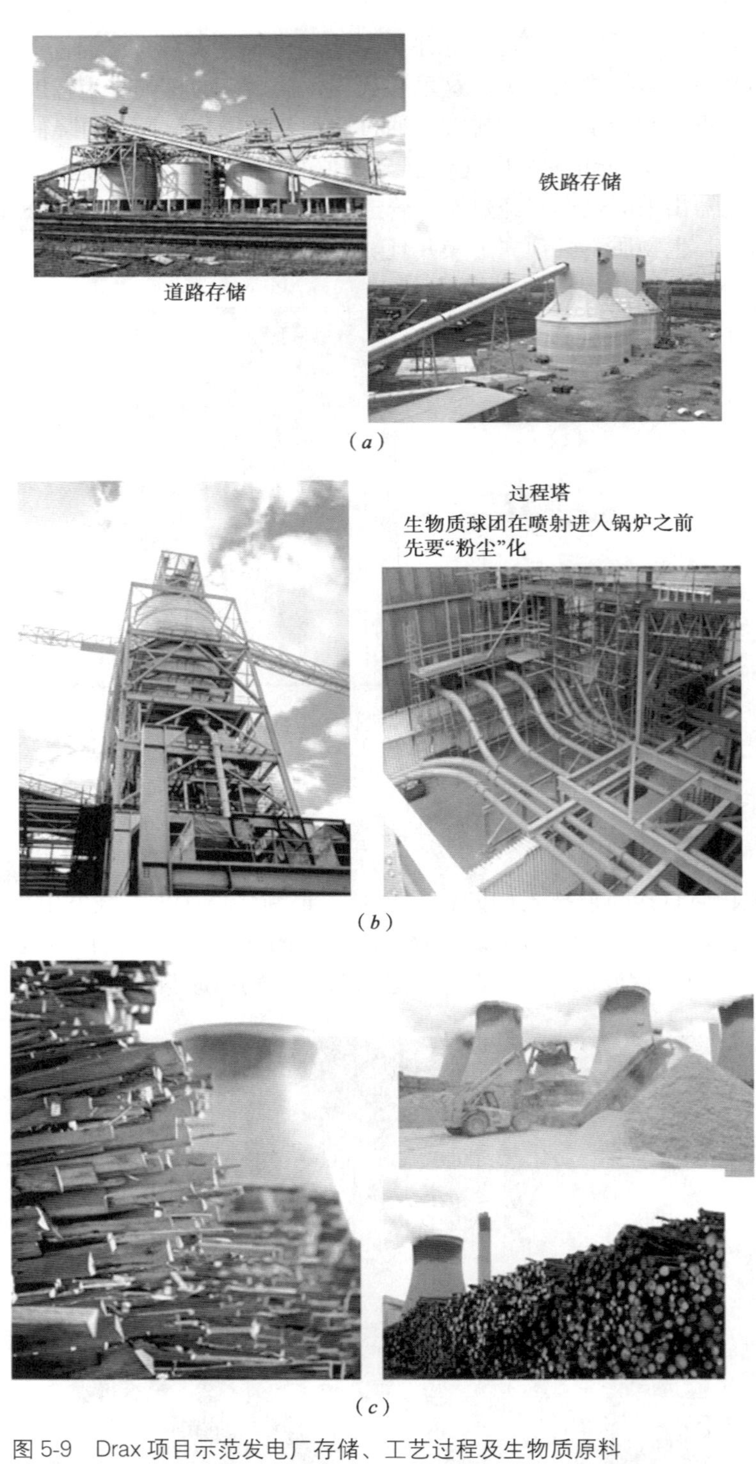

(*a*)

(*b*)

(*c*)

图 5-9 Drax 项目示范发电厂存储、工艺过程及生物质原料
(来源：Drax)
(*a*)存储；(*b*)工艺过程；(*c*)生物质原料

5.4 生物质混烧小结

5.4.1 生物质混烧的优点

生物质混烧的主要优点在于利用现存发电厂设施、燃料灵活性、更广燃料选择和达到总体能量高效率。生物质混烧技术应用到大型发电厂效益更佳。

5.4.1.1 生物质混烧的技术优势

(1) 比小型生物质燃料发电厂发电效率高；

(2) 燃料灵活性：变化生物质燃料仅需改变混烧比率；

(3) 高的硫对氯比例能降低腐蚀的危险。

5.4.1.2 生物质混烧的经济优势

(1) 附加生物质燃料成本低，仅 300 €/kWe，比小型生物质燃料发电厂 2500～3000 €/kWe 低许多；

(2) 对燃料价格敏感性低；

(3) 灰份可以挥发制水泥和混凝土，由于高温燃烧其灰份颗粒呈无定型结构，能改善火山灰水泥特性。

5.4.2 生物质混烧的局限

生物质混烧的局限包括技术、经济和环境三个方面。

5.4.2.1 生物质混烧的技术局限

(1) 任何一个燃烧系统总是依照某种燃料设计。燃烧器的设计亦考虑挥发份和灰份的成分。燃料处理系统取决于燃料的水含量、尺寸分布、灰尘等。一旦采用生物质混烧，必须将生物质燃料纳入现存燃烧系统或者新建一个燃烧系统。对于存储和运输系统亦然。

(2) 在燃煤粉锅炉(PF-fired boiler)混烧，要求磨碎生物质燃料。因此，生物质燃料往往需要干燥，有时要成团粒(pelletized)，以期能研磨成足够细度；并不适用于流化床锅炉。

(3) 燃料预处理的附加费用，即生物质燃料要求磨碎、成团粒，以期能适用燃煤粉锅炉。

(4) 腐蚀：

1) 如果采用含高氯成分燃料(污水淤泥，某些谷物)作为替代燃料，增加生成盐酸(HCl) 而引发腐蚀的高风险；

2) 众多高温器件由于高温比起独立不受系统控制的设施更易腐蚀；

3) 很多生物质燃料包含大量碱性物，特别是钾，可能恶化污物堵塞问题。

4) 生物质燃料含氯高，但典型地具有低硫、低灰分。

(5) 鉴于减少对环境污染(初始的低 NO_x 措施)，会附加渣蚀。

(6) SCR 脱硫催化剂可能被灰分颗粒堵塞或者被钾、氯所钝化；采用污水淤泥时还可能被某些重金属(砷 As，锌 Zn)毒化，即反催化。

5.4.2.2 生物质混烧的经济局限

（1）运行花费一般要高于煤发电。最敏感的因素是燃料价格。尽管一些生物质燃料本身几乎免费，但加上运输、准备、预处理，则增加了单位电能产出的效率成本。这样一来，生物质混烧成本和烧煤相竞争，甚至有可能超过烧煤成本。

（2）如果燃料市场出现变动，燃料市场上与单一燃料的发电厂有竞争（比如在德国仅单一生物质燃料才有税务优惠）。

5.4.2.3 生物质混烧的环境局限

（1）当生物质燃料灰分用在水泥和混凝土工业，碱金属、P_2O_5、SO_3、Cl和在灰分中不燃的碳成为关键因素。源于生物质的灰分比例不应该超过总灰分的10%。主要的依据是灰分必须满足EN197（水泥）和EN450（混凝土）标准的物理和化学要求。

（2）灰分管理：当替代燃料具有高灰分含量，或者运行依照高混烧率进行，则飞灰质量可能会有问题。

（3）降低了电除尘器（ESP）效率。因为大部分生物质燃料含硫（S）比煤少，其飞灰电导率将降低。

5.4.3 生物质混烧局限的应对

很多与生物质燃料混烧相关的问题和局限是可以改善或者解决的。

表5-1和表5-2分别罗列相应技术和市场解决措施。

工艺过程平衡 **表5-1**

技术局限	克服局限的措施
附加燃料存储	做允许露天存放的燃料预处理或者转包燃料预处理
运输距离远	开发分散燃料预处理以减小运输影响
燃料质量随季节变化	燃料加工处理
附加设备要求追加投资和运行费	破碎前直接配煤和生物质
要求特殊燃料预处理	采用流化床锅炉和燃料预处理(快速热解、烘焙)
灰份特性：质量变化，要求改变灰份应用	新质量特征标定；开发新应用途径
催化剂可能中毒或钝化	限制混烧比率
局限流量	改善燃烧室构造；液态流

市场及经济影响 **表5-2**

技术局限	克服局限的措施
现今，生物质燃料及运行价格高，混烧发电比煤贵	政府补贴；其他财政措施；考虑长期投资安全
燃料市场竞争导致价格上升，独立小厂经济困难	开辟新生物质燃料；考虑相关生物质潜能
总废热发电潜能有限	应用于地区供热
生物质燃料单一供应要求更多劳力和资本投资	开辟生物质燃料市场

6 生物质液体燃料

生物质液体燃料(Biomass-to-Liquid，BtL)问世，瞄准替代汽油和煤油，并且保持现有燃料分配、存储以及燃烧系统。

6.1 液态生物质燃料

6.1.1 生物质液体燃料概述

生物质液体燃料(Biomass-to-Liquid，BtL.)这个词指的是生物质经热化学途径制成的合成燃料。其目标是：生产与如今化石能源制成的汽油和煤油类似的燃料，并进而能用于现存燃料分配系统和标准引擎。它们亦被称为合成燃料(synfuels)。

尽管 BtL. 的生产过程众所周知并且用于化石原料，如甲烷(GtL.)或煤的加工，基于这一技术的商业生物质燃料却至今尚未在市场能分到一杯羹。

然而，在欧洲研究与开发 BtL. 现正密锣紧鼓进行。2008 年 4 月 27 日，世界上第一个商业 BtL. 工厂开始在德国 Frieberg Saxony 建设。此工厂采用 Choren 过程技术(图 6-1)。

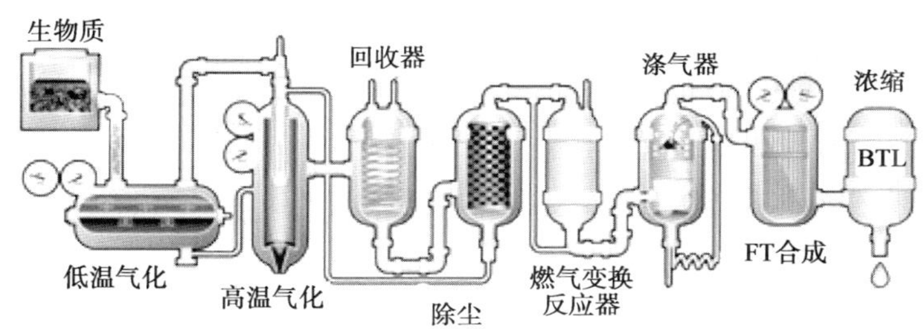

图 6-1 Choren 过程技术
(来源：Choren)

世界上第一个由煤生产汽油技术的诞生地将用原始木片生产可持续、清洁、经济、没有任何社会和生态副作用的生物乙醇(Bioethanol)——生物质液体燃料(Biomass-to-Liquid，BtL.)。

6.1.2 生物质液体燃料生产过程

图 6-1 所示生物质液体燃料生产过程(Choren 过程)采用三级气化过程以产生合成燃气(syngas)：

1）低温气化；

2）高温气化；

3）吸热气流床(endothermic entrained flow)气化。

然后，Fischer-Tropsch(FT)过程将合成燃气转换成汽车燃料——SunDiesel®。FT 合成过程中产生的蜡(waxes)进一步用氢化裂解处理。

6.1.3 生物质液体燃料的优点

经 Fischer-Tropsch(FT)过程产生的 SunDiesel®具有一系列优点：

(1) 高十六烷值，因此比通常的柴油具更好的点火性能；

(2) 无芳烃和硫，遂大大减少废气排放污染；

(3) 可用于现有的基础设施，不用任何调整或者更换发动机系统；

(4) CO_2排放很大程度上中性。

图 6-2 的图片是 SunDiesel®示范燃料加油站。

图 6-2 SunDiesel®示范燃料加油站
(来源：Choren)

6.1.4 欧洲其他生物质液体燃料示范生产厂

6.1.4.1 法国 CEA Bure Saudron 示范生产厂

2009 年 12 月，法国原子能和替代能源委员会(Atomic and Alternative Energy Commission，CEA)宣布在 Bure Saudron 建设 BtL. 示范生产厂。此生产厂每年将用 75000t 林业和农业废料生产近 23000t 生物燃料(柴油，煤油和石脑油，diesel，kerosene and naptha)。Bure Saudron 项目将在合成阶段加上氢，以期使氢和一氧化碳之比最佳化。

6.1.4.2 芬兰 NSE Stora Enso's Varkaus Mill 生物燃料示范生产厂

NSE Biofuels Oy——一个生物燃料(BtL)示范生产厂在芬兰 Stora Enso's Varkaus Mill 开工。该厂每年从一个 12MW 气化器产出 656t 生物燃料。除了提供测试数据和运行经验，该工厂也以基于木材的植物燃气来取代纸浆厂石灰窑用油，降低温室气体排放；使得 Varkaus 整体上几乎不再使用化石燃料。NSE Biofuels 还准备在 2016 年商业化生产一个年产生物燃料 100000t/a 的工厂。

图 6-3　芬兰 NSE Stora Enso's Varkaus Mill 生物燃料示范生产厂
(来源：Stora Enso)

6.1.4.3　德国 Karlsrhue 生物燃料示范生产厂

德国 Forschungszentrum Karlsrhue GmbH 与 LURGI GmbH 正设计建设一个液体生物燃料(汽油型)示范生产厂，将于 2016 年完成。

三阶段工艺流程为：

(1) 速闪热解；

(2) 气流床(entrained flow)气化；

(3) 合成燃料生产。

6.1.4.4　荷兰生物精炼设计(Dutch Biorefinery Initiative，DBI)

在荷兰政府支持下，WUR 和 ECN 将联手在 Rotterdam 港建一座实验装置：产热发电、基本化学以及生物液体燃料(BtL)为目标，建造基于 10MW_{th}气流床(entrained flow)气化的合成燃气生产平台。

6.1.5　关于生物质液体燃料一些数据

生物液体燃料(BtL)几乎可以从任何低湿度生物质、残留物或者有机废料来生产，诸如：短轮伐树木，多年生草，秸秆，森林疏伐，生产纸浆用树皮，甘蔗渣，废纸，再生木头或纤维为主体的组件。

据估计，每公顷土地每年所产的能量作物可供制造 4m^3 的生物液体燃料(BtL)。因此，如果将来用 4～6 百万公顷的土地来种植能源作物，人们就可以取代目前运输用液体燃料的 20%～25%。

生物液体燃料(BtL)作为运输燃料的优势在于：几乎所有类型生物质，除了湿度控制之外仅需少许预处理就能用。这是因为加工过程的第一步是气化，由此产生的燃气继而经进一步净化，去除焦油、颗粒和气态污染物，调整到所需燃气比例（氢和一氧化碳之比）。这结果是得到一个平衡的合成燃气，遂用于第二步，即催化阶段。合成气也能通过裂解得到以生成木炭。然后，炽热的木炭与蒸汽反应生成水煤气。

整个生物液体燃料（BtL）生产工艺当中，有两个催化过程：

（1）费-托（Fisher-Tropsch）过程；

（2）美孚（Mobil）过程。

6.1.6 费-托（Fisher-Tropsch）过程

6.1.6.1 费-托（Fisher-Tropsch）过程的历史

原本的费-托（Fisher-Tropsch）过程是1920年代由在德国皇家维廉姆学院（Kaiser Wilhelm Institute）工作的工程师Franz Fischer和Hans Tropsch所发明，后来经过很多改进、调整和细化。现在费-托（Fisher-Tropsch）过程意指Fisher-Tropsch化学、Fisher-Tropsch合成等等。在石油匮乏而煤资源丰富的德国，费-托（Fisher-Tropsch）过程在第二次世界大战期间为纳粹德国和日本提供了德国生产燃料的9%和汽车燃料的25%。

6.1.6.2 费-托（Fisher-Tropsch）过程的化学机制

费-托（Fisher-Tropsch）过程是一个催化化学反应：一氧化碳和氢变成各种形式液态碳氢化合物。一般地说，费-托（Fisher-Tropsch）过程如下反应所用是基于铁和钴的催化剂：

$$(2n+1)H_2+n(CO)\longrightarrow C_nH_{2n+2}+nH_2O$$

6.1.6.3 费-托（Fisher-Tropsch）过程的条件

费-托（Fisher-Tropsch）过程催化化学反应工作在温度范围是150～300℃。高温加速反应和转换速率；但是仅适于甲烷生产。所以，温度拟保持低到中区为妥。

增加压力会加速反应和转换速率，易生成长链烷烃。因此，压力维持在大气压的几十倍左右。

对于钴基催化剂，最佳氢气、一氧化碳比例大约是1.8～2.1。铁基催化剂能促成水煤气转换反应，遂大大限制从煤或者生物质产燃气。此时最佳氢气、一氧化碳比例相对低（<1）。

6.1.6.4 费-托（Fisher-Tropsch）过程的产品分布

一般来说，费-托（Fisher-Tropsch）过程中碳氢化合物产品分布依据一个Anderson-Schulz-Flory分布，即表示为：

$$W_n/n=(1-\alpha)^2\alpha^{n-1}$$

式中 W_n——是含 n 个碳原子的碳氢化合物分子的权重分数；

α——为一个分子将继续反应以形成长链的链增长概率；很大程度上，α 由催化剂和特殊过程条件所决定。

考核上述公式，甲烷将是费-托（Fisher-Tropsch）过程中量最大的产品。然而，当增加 α 值近1时，所产甲烷量相对于所有其他长链产品的总和的比达到一个最小值。增加 α，易生成长链碳氢化合物。最长链产品是室温下呈固态的蜡。因此，为生产液体运输燃料，必须破解某些费-托（Fisher-Tropsch）过程产品。

6.1.6.5 费-托(Fisher-Tropsch)过程的催化剂

很多催化剂可以用于费-托(Fisher-Tropsch)过程，然而，最普通的是过渡金属：钴，铁，钌。镍也可以使用，但往往有利于甲烷的形成（“甲烷化”）。

如6.5.1.3节所述，钴基催化剂使费-托(Fisher-Tropsch)过程具高活性。除了高活性金属，催化剂还包含有很多“促进剂”诸如钾，铜。一价碱金属包括钾在内，对于钴基催化剂有毒化作用；但是，对于铁基催化剂却是“促进剂”。

催化剂由大表面积的粘合剂、支撑件支持：如二氧化硅，氧化铝或沸石。

费-托(Fisher-Tropsch)过程的催化剂对于含硫化合物导致毒化很敏感，特别是钴基催化剂。

6.1.7 美孚(Mobil)过程

美孚(Mobil)过程也称为甲醇汽油(Methanol To Gasoline，MTG)过程。

这是一个两阶段的催化过程。在第一阶段生产甲醇。然后，将甲醇作为原料，用沸石作催化剂，来产生不同长度链的碳氢化合物。在转换中，燃气周期有大量反应发生。转换过程是力图去除水，来生产二甲醚(dimethyl ether，DME)：

$$2CH_3OH(g) \longrightarrow CH_3OCH_3(g) + H_2O(g)$$

这些反应还包括：

$$2CH_3OCH_3(g) + 2CH_3OH(g) \longrightarrow C_6H_{12}(g) + 4H_2O(g)$$

$$3CH_3OCH_3(g) \longrightarrow C_6H_{12}(g) + 3H_2O(g)$$

作为与多种碳氢化合物混合相并行发生的其他脱水反应的结果，80%是适合汽油生产的。按重量比，该混合物包含约50%高链烷烃，12%的烯烃，7%环烷烃和30%的芳香烃。这一过程已由Methanex公司在新西兰商业化，使用天然气生产甲醇。

6.2 生物柴油

6.2.1 生物柴油的定义

生物柴油(biodiesel)是柴油燃料的可再生替代品，将天然油或油脂与醇类诸如甲醇或乙醇依化学方法制成。

在欧洲，生物柴油以纯净(100%生物柴油，称B100)及与石油柴油混合形式均广泛使用。

欧洲的生物柴油大部分由一种菜籽油(rapeseed oil)制成；而美国生产和使用的生物柴油集中于大豆油(soybean oil)。

生物柴油的潜在终端用户包括：卡车、发电机、矿山设备、船舶柴油机以及公共汽车等。

6.2.2 燃料的能量效率

生物柴油作为柴油燃料的可再生替代品，这里我们定义两种能量效率：

(1) 生命周期能量效率(Life cycle energy efficiency):

生命周期能量效率＝产品燃料能量/总原始能量

这一定义涵盖两个方面：①原料能量损失；②制造生物柴油过程中附加能量。

(2) 化石能量比(Fossil Energy Ratio):

化石能量比＝燃料能量/化石能量投入

如果化石能量比为零，此燃料完全不可再生而且没有任何用途；如果化石能量比为1，此燃料仍然不可再生，只不过制造过程中没有能量损失；燃料化石能量比大于1才有实用价值；真正完全“可再生”，化石能量比接近∞。

6.2.3 生物柴油的CO_2释放

在我们的生物圈碳流动的动力学中生物质发挥了独特的作用：生物质，比如大豆作物，可以在光合作用下将大气层的CO_2变成碳基化合物。实际上，此碳最终还作为有机碳化合物消耗返回大气层并完成植物呼吸。生物柴油作为生物质导出的燃料减低大气层的碳有两个途径：

(1) 参与相对快速的生物圈和大气层的碳循环——通过引擎尾气排放从生物圈到大气层以及借助光合作用从大气层至生物圈。

(2) 用生物柴油替代燃烧时释放大量CO_2的化石燃料。

基于提供1 bhp-h(英制马力-小时)的引擎功，图6-4描绘了生物柴油材料所有生物碳的流程。为显示方便起见，仅用100%生物柴油作代表。

在图6-4中，大豆在农作物阶段吸收的碳169.34g，仅148.39g最终变成生物柴油。12.37%的碳最终损失在各种副产品和废物流中。

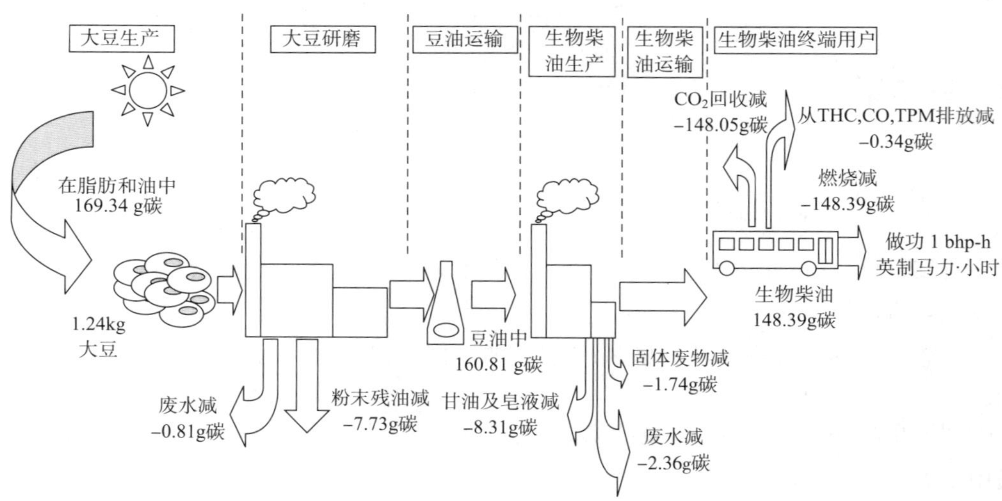

图6-4 生物柴油材料所有生物碳的流程依100%生物柴油作代表

(来源：IEA)

THC：总体碳氢化合物(total hydrocarbons)；TPM：总体颗粒物(total particulate matter)

6.2.4 生物柴油与化石燃料柴油的 CO_2 释放比较

图 6-5 描绘了生物柴油与化石燃料柴油全生命周期的 CO_2 释放比较。

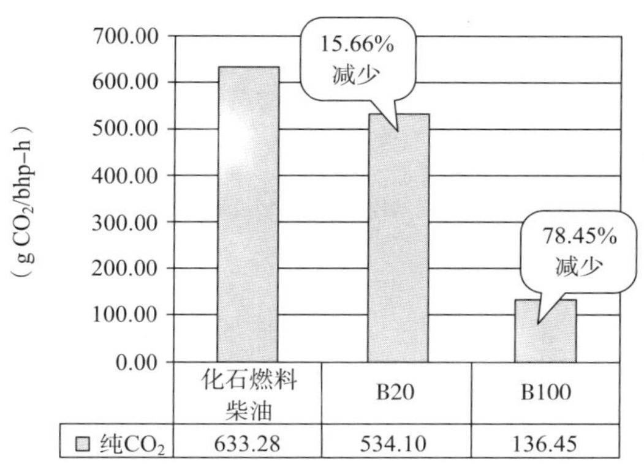

图 6-5 生物柴油与化石燃料柴油全生命周期的 CO_2 释放比较

（来源：IEA）

bhp-h：英制马力-小时引擎做功

6.2.5 生物柴油与化石燃料柴油的大气层释放比较

图 6-6 描绘了生物柴油与化石燃料柴油全生命周期的大气层释放比较。

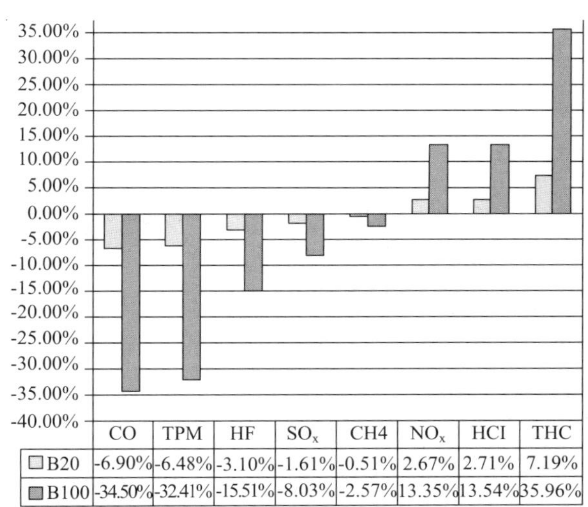

图 6-6 生物柴油与化石燃料柴油全生命周期的大气层释放比较

（来源：IEA）

图 6-6 综合了生物柴油 B20 和 B100 相对于化石燃料柴油全生命周期的大气层的各种污染气体释放。如果生物柴油替代化石燃料柴油驱动城市公共汽车，除了三种污染气体以

外，大部分污染气体释放会减少。其中以CO的减低为最。

6.2.6 生物柴油的优点及缺点

6.2.6.1 生物柴油的优点

生物柴油的优点：

(1) 立足本土，从非化石的可再生原料生产柴油；

(2) 可用于几乎所有柴油引擎；

(3) 除氮氧化物之外减少空气污染和温室气体排放；

(4) 生物降解；

(5) 无毒；

(6) 操作安全。

6.2.6.2 生物柴油的缺点

生物柴油的缺点：

(1) 超过B5目前尚未得到汽车生产商保证；

(2) 经济性和动力偏低(B20和B100分别低2%和10%)；

(3) 目前成本尚高；

(4) 氮氧化物排放反而更高；

(5) B100一般不适合低温；

(6) 尚须考核B100对柴油引擎耐久性的影响。

6.3 应用举例

6.3.1 芬兰生物燃料的生产与应用

6.3.1.1 概况

2009年，芬兰的柴油消耗量达到2177000t，其中化石燃料柴油1714000t。同一年，芬兰的生物燃料消耗量为79000t等效生物柴油和66000t乙醇。因为芬兰当年生产220000t生物柴油超出国内使用量，余下出口欧洲国家。

主要生产厂家为：Neste Oil可年产170000t高质量生物燃料油；另一厂商是St1 Biofuels，在2010年有几家小厂投产，利用工业废物生产乙醇1000000～1500000L。

6.3.1.2 芬兰生物燃料生产与应用示范项目

几间芬兰公司商业化基于合成燃气的液体生物燃料(BtL)生产。这种生物质燃料生产设施与造纸和纸浆生产厂组合，如图6-7所示。

6.3.1.3 可低温运行高浓缩乙醇生产

芬兰St1 Biofuels及VTT公司技术研究中心共同研究开发可低温运行高浓缩乙醇生产。运行最低温度达−25℃。与此同时，还可以大大降低排放。St1 Biofuels已计划将这种St1 RE85高浓缩乙醇燃料在国内推广。图6-8展示了在Närpiö生产高浓缩乙醇的设施。

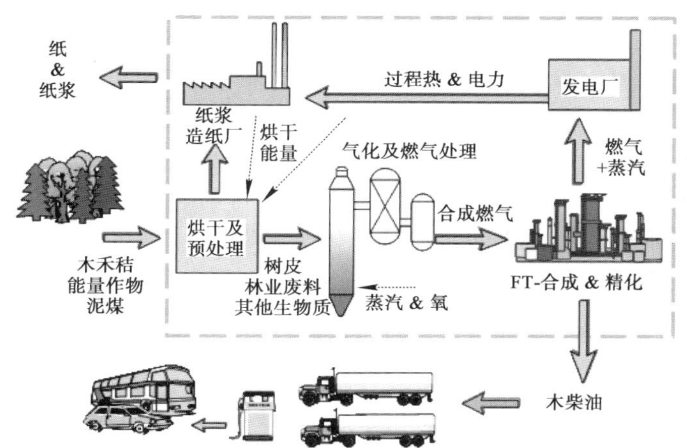

图 6-7 生物质燃料制造与造纸和纸浆生产厂组合
（来源：VTT）

图 6-8 在 Närpiö 生产高浓缩乙醇的设施
（来源：St1）

6.3.2 美国生物燃料的生产与应用

6.3.2.1 概况

美国可再生能源已经占到全部能量需求的 7%，而其中的一半是可再生乙醇。生物质燃料的生产现状：主要原料——玉米；但是过去几年玉米价格的大起大落对可再生乙醇工业影响不小：2008 年产量 340 亿 L；尚有 212 座厂在建设中。目前生物质燃料可减少 50%总温室气体(GHG)排放的目标，而第二代生物质燃料(Cellulosic)应达 60%。

最新的兴趣是研究新的酶，新的机制。然而，碳成本及间接土地用途变更问题依旧。

6.3.2.2 加利福尼亚的甲醇/乙醇

加利福尼亚州的"1980～1990 试验规划"曾允许任何人将燃汽油的车辆改成 85%甲醇(methanol)与 15%乙醇附加选择。有 500 多辆车改成 85/15 甲醇/乙醇(methanol and ethanol)，非常成功。但是，底特律的生产商却不愿意生产，除非政府给补贴。

1982 年三大汽车巨头每家从州政府获得 500 万美元以设计并签合同供应 5000 辆由政府出资购买。这就是我们至今可买低压自由燃料车(flexible-fuel vehicles)的开始。

2005 年 Arnold Schwarzenegger 上台，加利福尼亚州停止了这长达 25 年应用甲醇行驶 2 亿 miles 的成功；代之是加入由玉米生产乙醇的行列。Schwarzenegger 对此抱乐观态度。如今加利福尼亚州已有超过 60 座加油站供应甲醇。

共和党国会议员 Eliot Engel 已提议立法要求美国汽车生产商不低于 80%地生产适于含 85%乙醇、甲醇或生物柴油的汽车。

6.4 先进液态生物质燃料

除了前面介绍的以生物乙醇和生物柴油为典型代表的现今最广泛采用的第一代液态生物质燃料，最近以来被称为先进液态生物质燃料的尚有第二代、第三代和目前尚未定义的所谓第四代液态生物质燃料。

6.4.1 第二代液态生物质燃料

第一代生物质燃料对减低温室气体排放贡献良多，但尚有缺陷：

(1) 由于生物质燃作物与食品作物土地竞争而推高世界粮价；

(2) 去除政府补贴等作为能量安全的选择代价太高；

(3) 对减低温室气体排放贡献有限(图 6-9)且相对成本高企(如芬兰的条件毕竟不多)；

(4) 第一代生物质燃料获利并非如所宣称那样多，并且原料不一定总保持可再生；

(5) 加速毁林(特别是间接土地应用变更效应)；

(6) 对生物多样化有潜在负面影响；

(7) 有些地区会存在对稀有水源的竞争。

图 6-9 显示第一代生物质燃料与第二代液态生物质燃料从油井到车轮(well to wheel)相对汽油或者矿物柴油温室气体排放的变化。

第二代液态生物质燃料与第一代液态生物质燃料的区别在于不采用食品作物为原料，最典型的是纤维素生物燃料(cellulosic biofuels)。

有许多正在开发的第二代生物燃料，如：生物制氢(biohydrogen)，生物甲醇(biomethanol)，二甲基甲酰胺(DMF)，生物二甲醚(bio-dimethylether，BioDME)，费托柴油(Fischer-Tropsch diesel)，生物制氢柴油(biohydrogen diesel)，混合醇和木质柴油(mixed alcohols and wood diesel)。

生产纤维素乙醇(Cellulosic ethanol)使用非食用作物或不可食用废品，即使食品不转移对动物或人类的食物链。木质纤维素(Lignocellulose)是“木本”植物结构材料。这种原料丰富多样，而且在某些情况下(如柑橘类果皮或锯末)它本身就是一个重要的需处理的问题。图 6-10 给出由纤维素生产乙醇的酸水解工艺框图。

由纤维素来生产乙醇是一种需要解决的困难技术问题。在自然界中，反刍牲畜(如牛)吃草，然后用酶消化过程缓慢变成葡萄糖。纤维素乙醇在实验室正在做类似的事。科学家报告称：使用“合成生物学”，一些新的高度稳定真菌酶催化剂有效地在高温下分解纤维

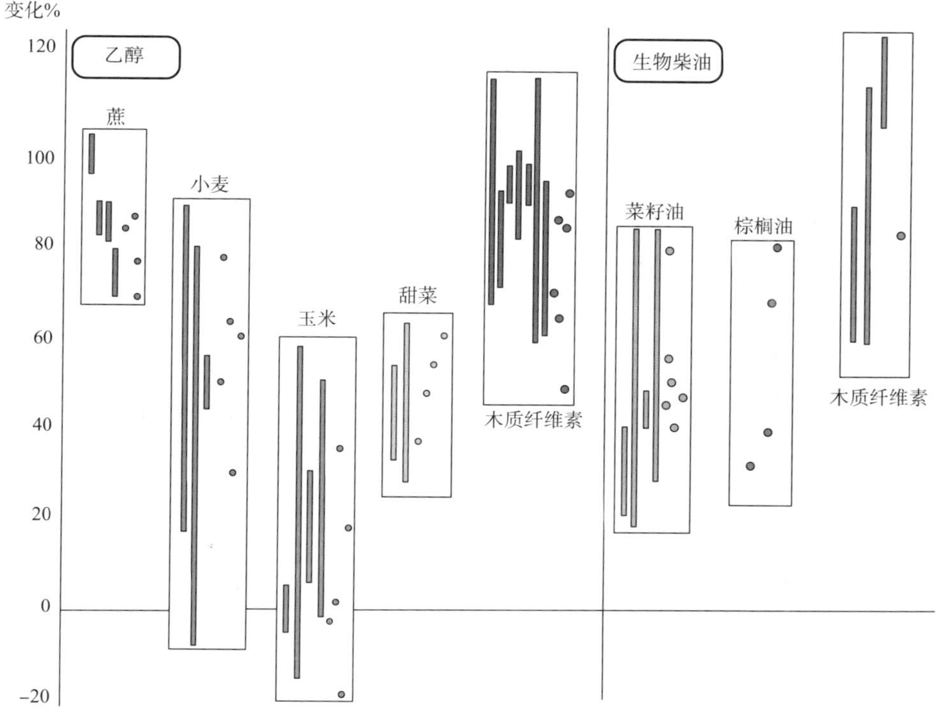

图 6-9　第一代生物质燃料与第二代液态生物质燃料从油井到车轮（well to wheel）相对汽油或者矿物柴油温室气体排放的变化
（来源：IEA）
（不包括土地应用变更效应）

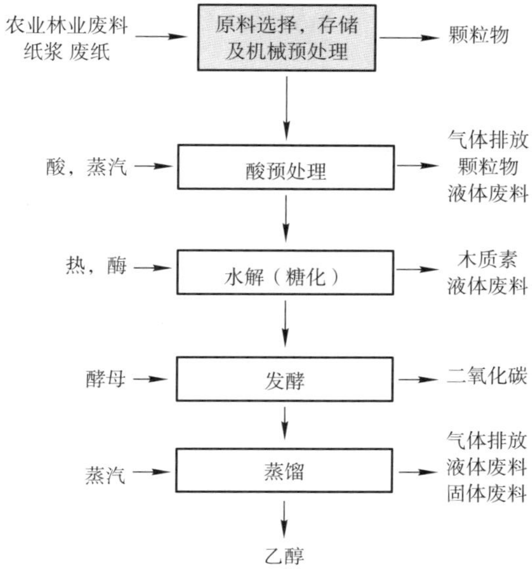

图 6-10　由纤维素生产乙醇的酸水解工艺框图

素为糖，是一个活跃的研究领域。此外，荷兰 Delft 大学 J. Pronk 的研究表明，在“大象酵母”上略作修改也可以从非可耕地作物生产乙醇。

最近发现的粉红胶真菌(Gliocladium roseum)对从纤维素生产所谓真菌-柴油(myco-diesel)很有帮助：这种最近在南美巴塔哥尼亚(Patagonia)北部雨林发现的微生物具有无可匹敌的能力将纤维素转换成在柴油燃料中发现的最典型中等链长的碳氢化合物。科学家们还实验重组 DNA 基因工程生物力图进一步增强这一生物潜能。

2009 年 8 月报道：LanzaTech——新西兰的一家小公司，从钢铁厂废气中一氧化碳借助一种 microbecarbon 细菌转换为纯乙醇。LanzaTech 的天然气发酵技术现已能够生产乙醇采用来自工业废气和生物质合成气燃料。这一技术也在中国和美国都引发关注。

图 6-11 LanzaTech 的天然气发酵产乙醇技术
(来源：Steel Times)

6.4.2 第三代液态生物质燃料

藻类燃料又称为 oilgae 或者第三代液态生物质燃料，是一种由藻类生产的生物质燃料。藻类是生产生物质燃料低投入高产出的原料。基于实验室经验：同样面积土地藻类生产生物质燃料产出的能量是大豆的 30 倍。这一实验室经验有待商业生产证实。

藻类燃料仍有其困难，例如，生产藻类燃料必须混合均匀，而如果混合均匀由搅拌完成，可能会影响生物质生长。

美国能源部估计：如果在美国用藻类燃料全部替代石油燃料，仅要求 38849km^2 的土地，约和马里兰州面积相仿，或者说，比 2000 年种玉米土地的 1/7 还小。

藻类如葡萄粒藻和小球藻，都比较容易生长，但是，海藻油很难提取。海藻(紫菜)具有生产生物乙醇和沼气的巨大潜力。

实际上，有些藻类不用收获之后再转换成燃料。这些藻类可以被养殖产乙醇，经蒸发、凝结再收集和蒸馏。有公司(Algenol)准备依此过程商业化生产。

6.4.3 第四代液态生物质燃料

很多公司正在寻求先进的“生物化工”和“热化学”过程，以期生成“滴落”生物质燃料，如“绿色汽油”、“绿色柴油”和“绿色航空燃油”。虽然没有一个人给“第四代生物燃料”定义，有些人称不是第一代乙醇和生物柴油，也不是第二代纤维素乙醇，还不是第三代其他过程创建的生物燃料算作“第四代生物燃料”的定义。一些第四代技术途径包括：热解，气化，精炼，太阳能变燃料以及生物遗传操作分泌碳氢化合物等。

6.5 生物二甲醚

6.5.1 二甲醚概述

由生物质生产的生物二甲醚(bio-dimethylether，DME)是一种清洁的无色气体，易液化(见图 6-12 (*a*))和便于运输。它作为汽车燃料和发电的潜力惊人；也可居家应用，如取暖和做饭等。当然，二甲醚亦可由农产品废物可再生和化石燃料(如天然气或煤)生产。

(*a*) (*b*) (*c*)

图 6-12 二甲醚生产

(来源：ASIA DME)

(*a*)二甲醚加压液化；(*b*)日本 JFE 二甲醚厂；(*c*)中国蚌埠二甲醚厂

当今世界上生产二甲醚的主要手段是甲醇脱水。但二甲醚也可以从煤或生物质气化产品合成燃气或者通过天然气重整获得。各种过程当中，天然气化学转换直接合成二甲醚是最有效的。

6.5.2 二甲醚特性

二甲醚主要特性为：

(1) 分子式：CH_3OCH_3

(2) 摩尔质量：46.07g/mol

(3) 液态密度：668kg/m^3

(4) 熔点：−138.5℃

(5) 沸点：−23.6℃

(6) 水中溶解度：71g/L(20℃)

二甲醚(DME)是最简单的醚，常温下呈无色气体，是一种很有用的有机化合物初级品和一种气雾推进剂。燃烧时二甲醚产生氮氧化物最少。二甲醚作为清洁燃料时，可以达到最佳化。

6.5.3 二甲醚生产

二甲醚间接生产过程是天然气或煤源碳氢化合物先经气化转化为合成燃气；合成燃气再转化成甲醇，然后在催化剂的作用下甲醇脱水。另外，二甲醚也可以直接合成，即使用双催化剂体系，允许甲醇合成和脱水一步到位。直接合成的效率优势和成本优势显而易见，在商业实施中却须进一步努力。图 6-13 勾画了生产二甲醚的框图。

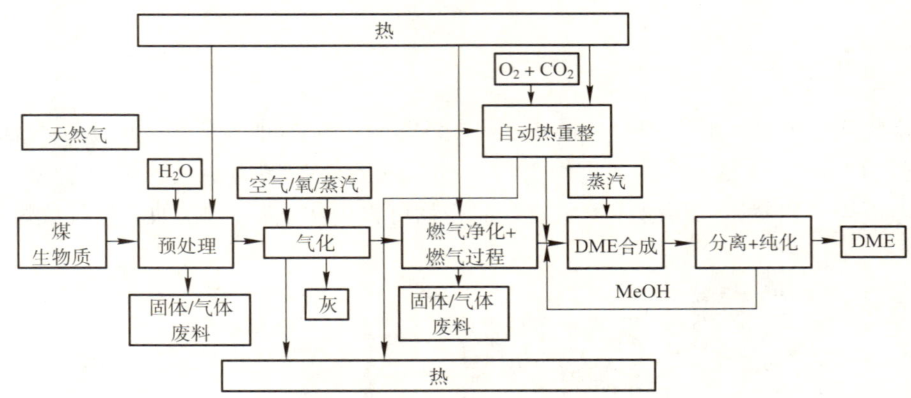

图 6-13　生产二甲醚框图
（来源：biokerosene）

6.5.4　二甲醚应用

二甲醚目前最大的应用是作为家庭和工业用液化石油气(LPG)的替代品。中国是此项应用的最大用户。另外的用途是用作极性溶剂或者制冷剂。

每年几千吨的二甲醚用于生产甲基化试剂，硫酸二甲酯(dimethyl sulfate)，这需要二甲醚与三氧化硫的反应：

$$CH_3OCH_3+SO_3 \longrightarrow (CH_3O)_2SO_2$$

二甲醚还可以用于借助羟化(carbonylation)技术生产乙酸(acetic acid)：

$$(CH_3)_2O+2CO+H_2O \longrightarrow 2CH_3CO_2H$$

二甲醚是用于柴油发动机、汽油引擎(30%二甲醚和 70%液化石油气)和燃气透平很有前途的燃料。由于其十六烷值高(55)，而柴油仅(40～53)。柴油发动机只需适度的修改就可燃烧二甲醚。这个简单的短碳链化合物在燃烧时会导致颗粒物、氮氧化物，一氧化碳排放量很低。再加上二甲醚无硫等原因，二甲醚作为燃料符合欧洲和美国最严格的排放标准。美孚在其甲醇变汽油的过程中亦采用了二甲醚。

正在开发二甲醚作为一种人工合成的第二代生物燃料(BioDME)，它可以从木质纤维素生物质生产。目前，欧盟正在考虑在 2030 年生物燃料的潜力组合 BioDME。沃尔沃集团是欧洲共同体第七框架计划项目 BioDME 协调员，其中 Chemrec 的 BioDME 试验厂基于黑色液体气化(black liquor gasification)已于 2010 年 9 月 9 日在瑞典 Piteä 开工。

图 6-14 展示开工典礼现场(从上第 1 排)；生物二甲醚燃料沃尔沃卡车用于 Posten Logistics 和 DHL 公司(从上第 2 排)；斯德哥尔摩生物二甲醚加油站(从上第 3 排)以及 2010 年 5 月生物二甲醚过程塔就位和设备安装(从上第 4 排)。

尽管生物二甲醚易燃，不像其他的烷基醚，二甲醚抗自氧化也相对无毒，故安全性高。

图 6-14　2010 年 9 月 9 日在瑞典 Piteä 开工的生物二甲醚试验厂
（来源：Chemrec）

6.5.5　二甲醚应用的新途径

近年来的生物学研究在从藻类产生物质燃料方面进步很大。典型的是单位土地面积藻类通过光合作用生产燃料油比传统能量农作物高很多：大豆 0.4kL，玉米 2.1kL，甘蔗 5.2kL，而一些藻类介于 11～90kL 之间(图 6-15)。此外，藻类养殖并不妨碍传统粮食作物的生产。

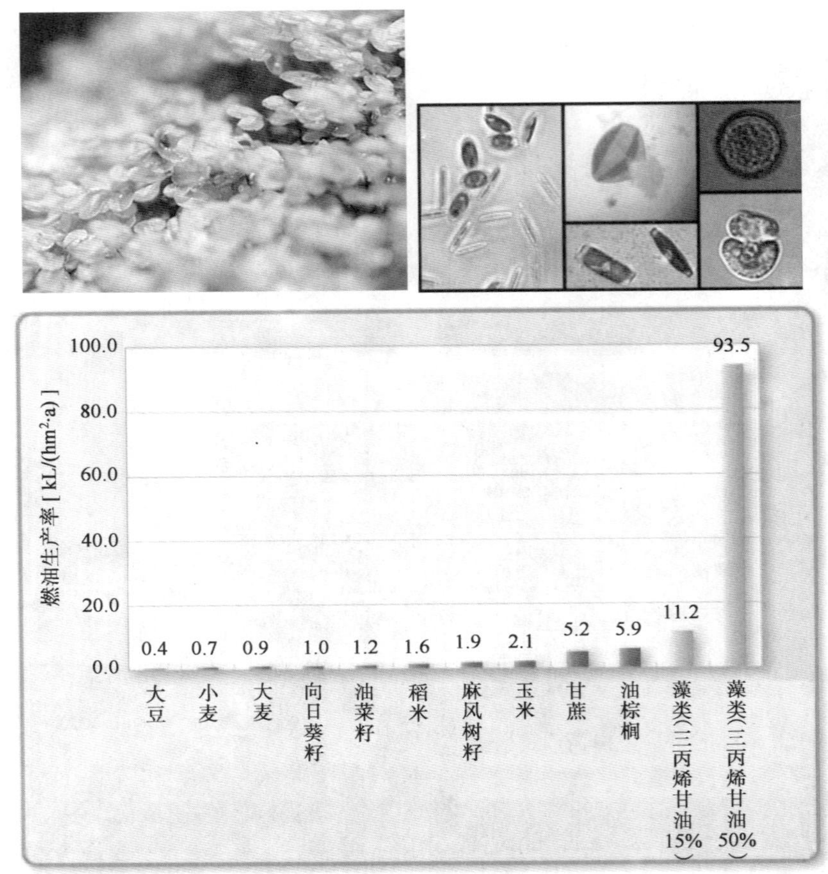

图 6-15 藻类和典型油料作物每年每公顷土地可产燃料油 [kL/(hm² · a)]
(来源：H. Yamazaki)

利用二甲醚(DME)从蓝-绿海藻提取燃油能够避免藻类脱水和烘干。因此，生物燃料的生产变得既容易又便宜。传统提取燃油方法仅干蓝绿色藻类重量的 0.6%；而使用二甲醚可达到 40%，提高 70 倍。二甲醚不仅可以直接作燃料，还能够用于从蓝-绿海藻提取燃油。

6.6 国际能源局关于藻类生物质燃料现状和前景的估计

6.6.1 引言

过去几年生物能和生物质燃料经历迅速发展，生物质液体燃料增长率尤甚：如今欧洲运输燃料的 4%已属生物质液体燃料。

在此框架下，藻类生物质燃料正日益成为将来替代运输燃料的希望之星。这是因为藻类生物质燃料生产相对不贵的花费以及基本条件仅阳光、CO_2和低品位的水。然而，生产藻类生物质燃料尚需面对技术和工程的各种挑战，各种藻类生物质燃料的要求以及提出过程的全方位可持续性。

6.6.2 藻类生物质燃料生产特点、步骤和开发重点

藻类生物质燃料生产特点如下：

(1) 没有对可耕土地的竞争；

(2) 相比大多数陆基生物质原料，过程展现高生产率；

(3) 可转换成高品质液体燃料替代化石燃油；

(4) 藻类能在低品位的水(海水、苦咸水和废水)里生长；

(5) 高值副产品。

藻类生物质燃料生产步骤如图 6-16 所示：

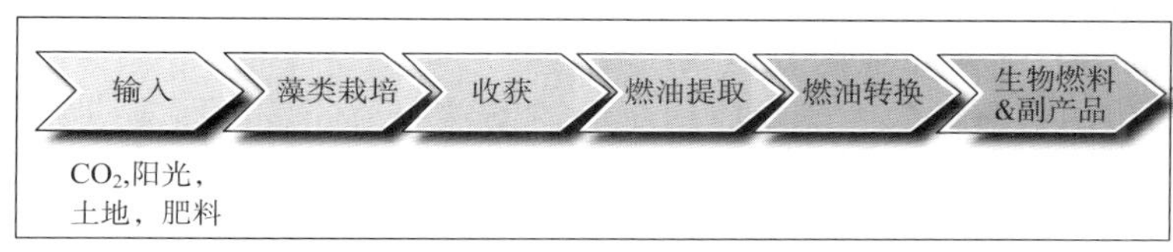

图 6-16 生产藻类生物质液体燃料主要步骤简单框图
(来源：IEA Task39)

20 世纪 50 年代美国加州大学就有研究从藻类生产甲醇。能源危机后，美国能源部建立“微藻类燃油”(microalgal oil)项目：水生物种计划(Aquatic Species Program，ASP)。与 ASP 相关的一系列题目对藻类生物质液体燃料生产的科学和工程方面取得重大成果，并于 1998 年提出一些至今有重大意义的生产藻类生物质液体燃料研究工作重点。

(1) 集中研究基本生物学和光合作用效益最大化的工厂通用工程手段；

(2) 开发当地品种选择和过程最佳化；

(3) 微藻类燃油不能和化石燃油竞争，初始阶段仍然需要政策支持；

(4) 战略部署着眼中期技术开发：藻类生物质液体燃料开发与污水处理相结合。

6.6.3 藻类生物质燃料的潜能和可持续发展

目前的生物质燃料，如基于菜籽油的生物柴油和基于糖及淀粉的生物乙醇，主要用于替代化石能源运输燃料。但是，如今这些生物质燃料尚有局限性，比如：原料与食品或者饲料作物争地；有些生物质燃料例如乙醇和生物柴油密度与化石能源运输燃料比较偏低(见表 6-1)。因此，它们经常与化石能源运输燃料的混合物形式使用。

低热量值(LHV)燃料能量密度 **表 6-1**

燃料	能量密度(MJ/L)	燃料	能量密度(MJ/L)
乙醇	21.1	柴油	37.3
汽油	34.2	FT 合成燃料	33.6
生物柴油	33.0	Jet A/Jet A-1	34.9

从图 6-15 可以明显看出：藻类导出的生物质燃料可以成为具有高能量密度液体生物

质燃料的潜能；并且，原料不与食品或者饲料作物争地。微藻类是目前所知惟一可生产高品质(如用于航空燃油)生物质燃油的原料。藻类导出的生物质燃料还是目前所知惟一可在海水和苦咸水中成长而制成的产品。

作为生物质燃料可持续发展的条件有：

(1) 全方位温室气体(GHG)平衡包括生物质原料的碳沉降；

(2) 生物质燃料的生产不能和食品及其他当地产业竞争或折中；

(3) 生物质的生产不能影响生物多样性；

(4) 保持和改善土壤；

(5) 保持和改善地下水源；

(6) 保持和改善空气质量；

(7) 生物质的生产及加工应服务当地社会。

藻类导出的生物质燃料的生产及应用对上述条件大部分是正面响应。然而，仔细评估，特别是全生命周期的评估在缺乏商业规模工厂数据的情况下，尚需时日。

6.6.4 藻类生物质燃料的生产过程

一个通常藻类生物质燃料生产过程示于图 6-17。

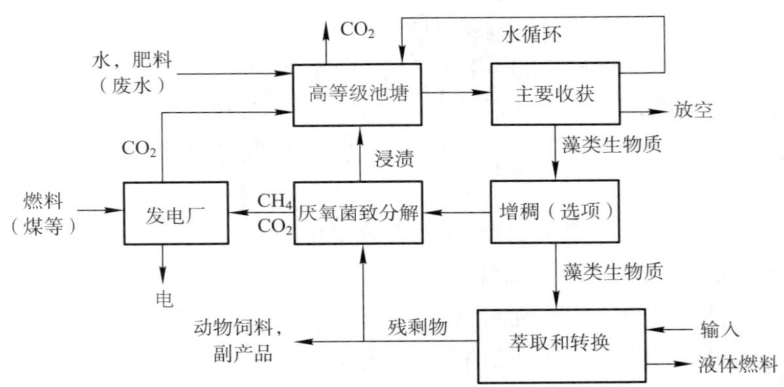

图 6-17 通常藻类生物质燃料生产过程
(来源：IEA Task 39)

然而，藻类生物质燃料生产过程仍然需面对重大挑战以期可持续发展：

(1) 减少外部输入的化石能源或者可再生能源；

(2) 使用过多的肥料使得需从饲料或副产品中再循环或回收；

(3) 光生物反应器一般会比池塘对 GHG 有更多影响；

(4) 如需干收获则仅利用太阳能或废热可取，湿收获好但具更大挑战性；

(5) 海藻污染(eutrophication)；

(6) 高等级池塘显然在环境问题上比光生物反应器正面许多，研究开发将有更大挑战。

6.6.5 藻类栽培

目前，大部分商业微藻类生产系统（$>1hm^2$）采用开放式池塘或者借助浆轮水循环的浅水道。最近研究开发项目多集中于光生物反应器或者封闭管式容器，以期较好地控制过程、达致高生物质浓缩并减少蒸发和CO_2损失。四个品种：螺旋藻（顶螺旋藻）[Spirulina（Arthrospira platensis）]，小球藻（Chlorella vulgaris），盐藻（Dunaliella salina），和雨生血球藻（Haematococcus pluvialis）构成世界一年藻类生物质总产量10000t，其中99%由开放式池塘生产。仅有3个微藻类生产系统用光生物反应器或者封闭管式容器：2个在德国，1个在以色列。

6.6.6 藻类类型和栽培途径

6.6.6.1 微藻类

微藻类（microalgae）是微小自由生活的光合微生物，典型地生长在极稀薄的（<1g/L）悬浮培养液中。微藻类可以在很多水环境生存：淡水，半咸水，海洋，甚至高盐度水域，不需栽培海藻或陆生作物那样精心。微藻类具有非常低的现存生物量（$<100g/m^2$）并且基本上需要每天从大体量液体中收获。为了使微藻类达到高生产水平的成长，要求有长栽培季节的天气条件（规定的温度和日照率）、营养素和CO_2源（如发电厂烟气通过管道提供）。

正是由于微藻类高生产率（远高于陆生作物的光辐射能量利用率：3%～4%，理论值10%）的潜能，微藻类成为科学技术发展生物质燃料的目标。

6.6.6.2 宏藻类（海藻）

所谓“宏藻类”（macroalgae）就是常说的海藻，既可以野生（近1000000t）也能够栽培（近15000000t），生产规模是如今商业化生产微藻类1000倍，但成本仅为1/10。海藻栽培要求近岸。

和微藻类相比，海藻并没有广泛地被视作发展成将来生物质液体运输燃料的来源。这部分是与美国20世纪70年代末至80年代初实验项目的负面经验有关。然而，最近欧洲、日本和韩国增加项目投入以期借助厌氧菌致分解来制生物乙醇。

如下讨论均指微藻类。

6.6.7 藻类生产系统

商业藻类生产系统采用三种生产设施：包括开放式池塘、光生物反应器（PhotoBioReactor，PBR）以及厌氧菌致分解罐。全世界每年商业产10000t藻类生物质主要是由池塘和厌氧菌致分解器所贡献。仅仅小部分（<100t）由光生物反应器生产。超过一半的藻类生产采用滚道塘系统（raceway pond system）在池塘生产。而在远东地区，生产小球藻（Chlorella vulgaris）采用循环池。在澳大利亚商业生产藻类利用大约$1000hm^2$大的非混合池塘以期收获β-胡萝卜素（beta-carotene）。

人所共知，池塘和闭合光生物反应器系统有利于降低生产藻类的成本。然而，必须注意到闭合光生物反应器的建造很昂贵。表6-2给出商业藻类生产用开放池塘和闭合光生物反应器之间优缺点的比较。

商业藻类生产用开放池塘和闭合光生物反应器间优缺点比较 表 6-2

	优点	面对挑战
开放池塘	小规模生物质生产使用多年； 比 PBR 资本投入少； 蒸发制冷避免高温； 池塘表面释放 O_2，排放可控	比 PBR 占土地多； 受到来自野生菌和食藻动物的污染； 不能控制昼夜、季节温度变化； 导致生物质浓度较低； 蒸发水量损失； 需要更多的营养物
闭合光生物反应器(PBR)	可培育单一品种； 水损失可控； 减少占用土地； 更易调控； 可更容易更准确地提供养分； 能超长期培养藻类； 高细胞密度，处理收获用水少	高资本投入和高运营成本； 商业运行暴露规模可扩展性问题； 需要经常清洗生物膜积聚； 较大的能源和水混合输入以保持温度； 抑制浓度氧气

总而言之，任何商业藻类生产过程之间的比较都要基于资本投入和运行成本以及能量和材料的平衡。还须注意：要建立可持续性发展的关键评价指标才能做真正意义上的比较分析。图 6-18 所示为两类藻类生产系统(左：原理简图；右：商业系统)：

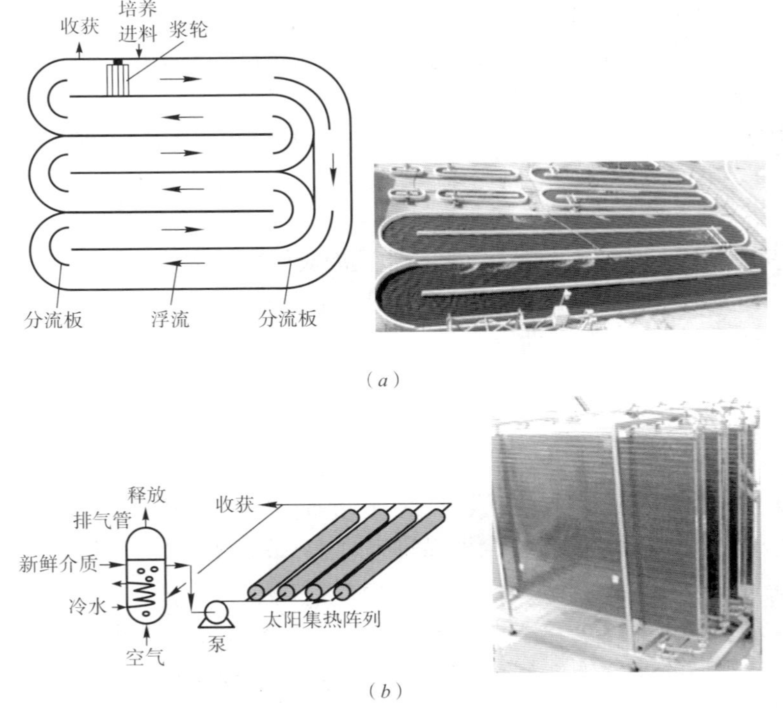

图 6-18 藻类生产系统(来源：Virginia Tech)
(a)开放池塘；(b) 闭合光生物反应器

6.6.8 藻类培养的生产率

一般地说，藻类培养具有很高生产率，因此单位土地面积产生物燃油要比大多数陆生的生物质原料高。然而，为达到此目标，藻类生产生物燃油工厂必须坐落于一个适合的生产环境：光、营养物、温度等应当容易到位且低成本。

6.6.8.1 温度

环境或者说天气是成功培养藻类产生生物燃油各种条件之中最为关键的。和陆生作物一样，周围每日以及季节温度范围将影响以池塘为基础的藻类生产系统有效生长季。鉴于藻类悬浮池塘水面，比起池塘空气温度起伏的影响不如陆生作物那样敏感。这是因为池水热容量大并且温度取决于多种因素，包括：太阳加热、蒸发制冷、营养物深度、风、空气湿度等。然而，涉及开放池塘，每日以及季节温度对有效生长季最重要：月平均气温超过15℃的地区才能达到足够有效生长季。每日温差大，即夜间温度低的地区也不适合开放池塘培养藻类。图 6-19 是全球年平均气温分布。平均气温 15℃左右最适合微藻类生产。

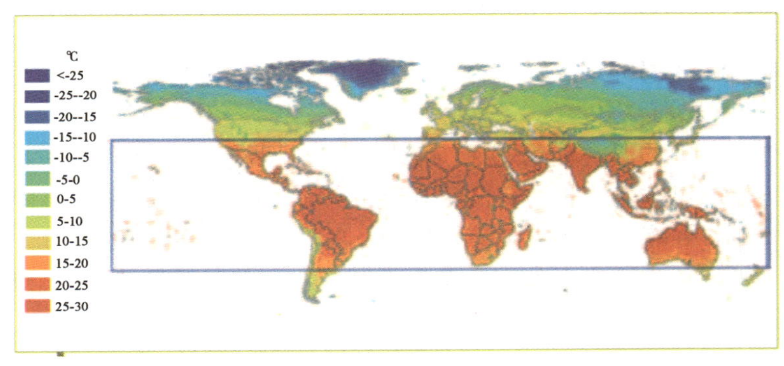

图 6-19 全球年平均气温分布
(来源：IPCC)

6.6.8.2 光饱和、光抑制和自阴影的限制及克服

当供藻类的阳光量达到一个能使生产率高水平的基本因素时，藻类暴露高日照强度下，吸收比用作光合作用更多的光。这就是较低水平的“光饱和”(吸收 10%左右的法线太阳光)。此时，尽管更多太阳光可供，在此点之后产生光合作用率并不增加，多余的光却变成热和荧光而造成所谓“光抑制”。光抑制产生损伤生光合作用机构的活性氧物种，进而导致培养液的光氧化死亡(photo-oxidative death of cultures)。

然而，从商业情况下，大多数藻类细胞却因为培养液太浓而显阳光不足，细胞互相遮挡。这种“自阴影”是由于细胞触角(antenna)的大尺寸。目前这个难题是培养藻类一大挑战。

经过近 50 年的努力，“光饱和”可以通过快速混合(闪光效应)来解决。但是，尚存耗能太多的缺点。当然，投资高的闭合光生物反应器会予以改善。

6.6.8.3 CO_2资源及可供性

一般讲来，无助地仅靠大气层中 CO_2 扩散到藻类培养液是不足的保持藻类的高生产率；除非花费大能量投入进行搅拌或者通发泡气体进入商业藻类培养液。通常空气中的

CO_2浓度太低，相应的解决办法可以利用富含CO_2的燃煤发电厂的烟气。这一应用显然比碳捕获和碳储存(carbon capture and storage，CCS)更有意义。

一些可能的用于藻类生产的非化石CO_2源，如：市政污水处理厂；动物和农业废料处理过程；市政废物处理过程；乙醇和其他农产品处理厂；生物质燃料发电厂，造纸厂和纸浆厂等。

6.6.8.4 其他营养要求

藻类培养尚且要求有氮、磷、镁、锰、铁、硫等微量元素。构造藻类细胞的细胞壁还需要含硅元素。

藻类培养液必须提供藻类良好生长所需的足够养分，但浓度和成本不要太高。主要目标锁定在高生物质燃料油生产量而不仅仅是高藻类生产率。

6.6.8.5 水和土地要求

培养藻类原料生产生物质液体燃料的优势在于利用不适合农业的水资源：海水、地表和地层的咸水、废水以及与天然气井、油井和产煤相联系的水源。如果利用海水，厂址必须选海边。当然，内陆咸水、市政污水和动物液体排泄物等也有培养藻类的潜能。

采用水道池塘的大规模培养藻类需要大面积平坦土地(坡度$<2\%$)。另一个要求是土壤含高黏土以防水的渗漏。

6.6.8.6 光合作用速率

培养藻类要求足够的温度、光、CO_2和简单的无机营养来维持其细胞生长。细胞组分的光合作用速率是由细胞新陈代谢转换调节和控制的；并且部分地避免单体酶的无效。比如固化CO_2的 Robisco 酶就具有非常低的催化活性，并且在细胞中浓度高。进一步改善光合作用速率首先要深入理解光合作用的基本机制，比如前面提到“细胞触角(antenna)的尺寸”的需求。

6.6.8.7 商业规模设施的选址

环境考虑特别是对培养藻类产生高效生物燃油的温度限制已经解决。今后研究的优先考量应是商业规模设施的选址：适合的土地、水并接近CO_2资源。

有几位乐观主义者宣称：培养微藻类生产高效生物燃油将提供更多甚至大部分世界如今所用的运输燃油。这显然缺乏对微藻类物理生存条件选址可行性之实际的和有根据的分析。

6.6.9 藻类生物质和生物燃油持续生产

理论上说，如果“光饱和”能被克服，培养藻类每年单位公顷土地(干)生物质产出比陆基作物高很多。

小规模项目有利用水道池塘一年内平均达到 $20g/(m^2 \cdot d)$ 的生产率，油脂(lipid)达25%的报道。尽管没有大规模试验项目，估计中期发展在大于 1ha 土地上达到 $20g/(m^2 \cdot d)$ 生产率油脂(lipid)达 50%(实验室已可以达到，主要是三甘油酯 triacylglycerides，TAGs，生物柴油的初始原料)是可能的。IEA 认为几年内达到这一目标仍困难，包括：地理和物理方面的挑战；废水处理设施以及高值副产品，如保健品的产出。

问题还在于高生产率的生物燃油产出，关键之点是光合作用的效率——光合作用的持续性。比如：在通常条件下，绿藻类产烃葡萄藻(green algae Botryococcus braunii)能达到

50%以上干重量的碳氢化合物组分。其缺点是生长较慢，须提高光合作用的效率。

6.6.10 收获、油萃取和燃料转换

6.6.10.1 收获

藻类生物质的收获方法取决于栽培藻类的物种、细胞密度和栽培条件。许多陆生原料可以毫不费力地从其环境以总固体分量的40%以上被获取。而微藻类和蓝藻(cyanobacteria)往往依悬浮在水上的单细胞培养，浓度低于1%。藻类生物质的收获，经初次和再次收获，要求浓缩藻类细胞100和1000倍。这也就是说从几百mg/L(池塘)和几g/L(闭合光生物反应器)直到湿浆糊状的5%～20%干有机生物质，才可以进行油萃取。这一技术挑战是十分巨大的：欲收获1t干藻类生物质需去除1000～10000t的水。经多年研究，Enemann和Oswald建议如下方略：

(1) 溶气气浮或重力沉淀后，絮凝(借助或没有絮凝剂)；

(2) 重力沉淀后，无絮凝剂(生物絮凝)絮凝；

(3) 离心脱水(小球藻Chlorella用)；

(4) 采用可用于微藻类的新的膜技术；

(5) 对于丝状藻类，如螺旋藻进行筛选。

经济实惠可供商业生产藻类生物质燃料的藻类生物质的收获方法，除了螺旋藻筛选外，尚未见成功示范项目。这已经成为生产藻类生物质燃料的关键一步。

6.6.10.2 油的萃取

显然，从藻类生物质的油萃取，和其他陆生原料如向日葵籽和油菜籽所用的传统油萃取方法完全不同。藻类生物质油还涉及储存在藻类细胞的细胞液和细胞膜中的类脂类(lipids，所有细胞成分借助非极性溶剂提取，而不仅是甘油三酯triglycerides)。藻类生物质油萃取的另一个重要考量在于细胞自身的组分和结构，因为藻类厚厚的细胞壁使得油萃取过程更复杂化。

是否需要干燥藻类生物质后再进行油萃取是一个重要问题。要求藻类生物质干燥比例增加肯定耗费更多能源，即便利用太阳能或者废热也要避免负的能量平衡、高昂投资资本以及可观运行花费。

另一种选项是溶剂萃取，典型的是利用正己烷(hexane)——需要干燥藻类生物质后再进行油萃取。建议：基于溶剂萃取过程的一个变种涉及原位酯交换(*in situ* transesterification)，此时，结合类脂类(bound lipids)作为甲基酯(methyl ester)被释放。

有一个过程很有吸引力，只是目前成本太高：利用超临界二氧化碳(supercritical CO_2)萃取藻类生物质油。超临界二氧化碳兼具液体和气体特性，允许此流体渗入生物质并作为一种有机溶剂而不必面对将此有机溶剂从最终产品中分离出来的挑战和花费。据2010年报道，此过程已经在小规模藻类生物质油萃取成功运行。

1996年Oswald曾提出设想——从湿浆糊(由重力增厚得来)萃取藻类生物质油：首先破裂细胞；然后乳化与热油的混合物；再通过一个三阶段离心脱水机将油、水和剩余生物质分离开(图6-20)。部分藻类生物质油参与再循环藻类生物质燃料生产。尽管只是个概念性方案，类似的工艺用于石油工业从油水乳化物的油再回收以及玉米乙醇工业从玉米油-水混合物中回收玉米油。此方案不需干燥生物质，在将来的开发中大有希望。

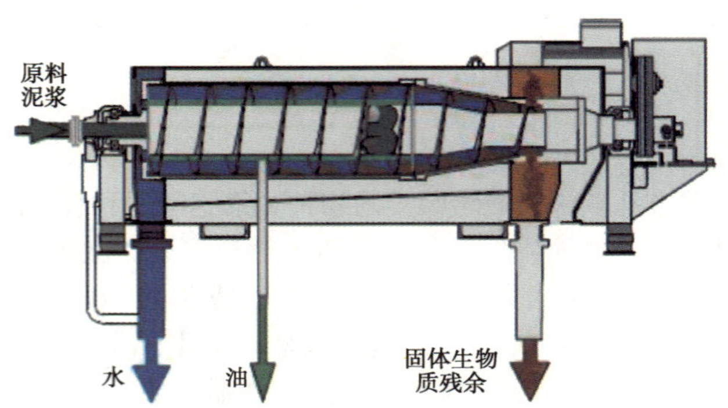

图 6-20 三阶段离心脱水机将水、油和剩余生物质分离
（来源：NREL）

其他回收方法包括：通过超声处理或均质化来破坏细胞壁机械分离油而改善油回收（Darzins et al，2010），需实践证明经济有效性；类脂类的萃取过程尚需进一步复杂的提纯——与藻类物种及温度相关。

一旦藻类油恢复，下游过程就是易于理解的生物柴油或者绿色柴油的生产过程。

6.6.11 燃料生产技术

历史上研究开发藻类生物质燃料领域多集中于酯交换反应（transesterification）即藻类油（lipids）变成生物柴油这一步。尽管藻类油酯交换过程与陆生植物油变成生物燃料基于类似方法，而源于藻类油成分复杂的问题必须解决才能使这一转换高效。再者，藻类衍生的类脂类（lipids）还可以通过氢过程和氢裂解生产可再生柴油（又称绿色柴油）。

6.6.11.1 酯交换反应

酯交换是将植物油转换成生物柴油的首选方法。存在催化剂（如 KOH）的条件下，具黏性的三甘油酯（triacylglycerides，TAGs）和甲醇反应，生成脂肪酸甲酯（fatty acid methyl ester，FAME），重组石化柴油以及甘油副产品。通过加入过剩甲醇或者去除甘油，使得此过程达到高转换效率并且花费相对来说也不算高。此方略已用于商业化生产。

尽管化学反应过程可以高效地将三甘油酯转换成其相应的酯类，酯交换反应尚存在缺点：

（1）能耗高；

（2）难于将甘油和碱性催化剂从产品中去除；

（3）碱性废水处理的复杂性。

酶的方法愈来愈具吸引力，但是还一直没有被规模采用。这是因为由于脂肪酶相对短的运行生命（主要是由于超量甲醇和副产品甘油的负面影响）而相对价格昂贵。

要想藻类生物燃油生产实现商业化，上述问题的合理解决至关重要。

6.6.11.2 加氢过程

加氢过程是将藻类油与氢在催化剂作用下进行反应，然后异构化而产生一种烷烃混合物。此混合物能够被分馏以生成合成煤油、喷气以及氢化导出的可再生柴油（hydrogenation-derived renewable diesel，HDRD）或者绿色柴油。可再生柴油能与现存石油提炼生产基础设施兼容；产品一般可与石油产品混溶。绿色柴油基本上可以与石油产品特性匹敌。甘油成分可以转换成石脑油，然后液化为液化石油气(LPG)或者用于过程热。图 6-21 所示为简化加氢过程框图。

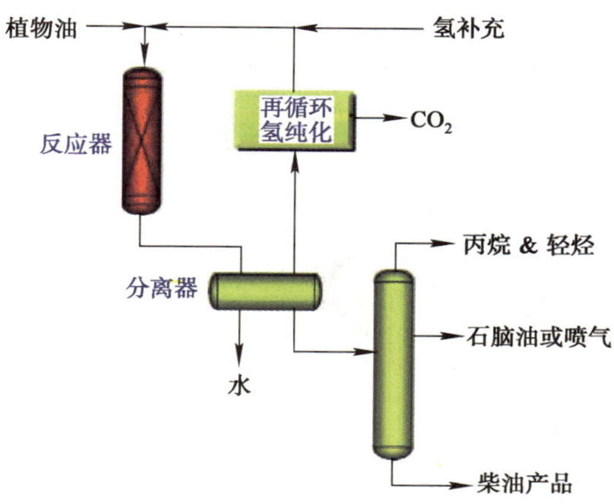

图 6-21 简化加氢过程框图
(来源：NREL)

爱尔兰 Cork 一家工厂(HDRD Conoco Phillips)依此工艺主要用大豆油和棕榈油作原料每日产大约 160000L 可再生柴油。其他例子如 NESTE OIL 在新加坡建一座大厂即将开工；UOP 将在意大利西西里做一大型示范工程。

6.6.11.3 热解

热解涉及生物质在缺氧情况下的热解体。其产品视情况不同包括：裂解油(生物油)、合成气(H_2-CO)、焦油和木炭。

按照 IEA Task 34：

过程低温和较长蒸发停留时间——生产木炭；

过程高温和较长蒸发停留时间——生物质易产燃气；

过程中温和较短蒸发停留时间——易于液体生物油生产最佳。

在高压下，可以不用干燥裂解湿藻类生物质，在过程水中恢复 N，克服一般裂解过程的主要缺点。尽管裂解藻类生物质不能直接产生合成柴油燃料，但裂解油(生物油)经加氢进一步精炼可以生成高效运输燃料。

6.6.11.4 微藻类和宏藻类气化

生物质气化产生合成气。合成气可以转换成液体燃料，如烯烃(借助 F-T 合成，Fisher-Tropsch Synthesis，FTS)，混合醇(通过化学催化剂)或者乙醇(借助微生物转换)。湿藻类生物泥浆气化经济上有优势，但要求高压增加成本。

从不同种类微藻类和宏藻类转化有不同类型过程和最终产品。图 6-22 勾画出生成生物燃料的路径。

经验表明：一个开放池塘往往比最佳规模要大。由一组小的池塘来替代一个大池塘会更高效。

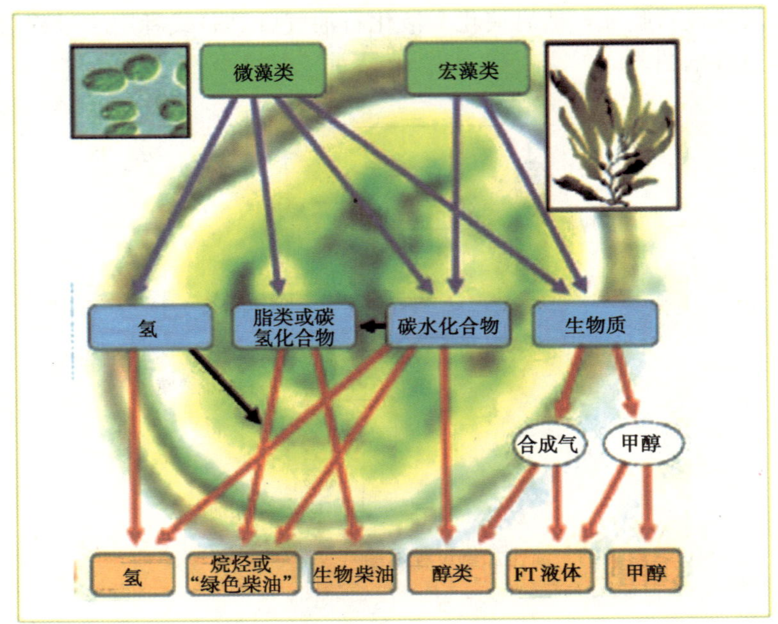

图 6-22 藻类生物转换路径
(来源：Darzins，2009)

6.6.12 藻类生物燃料生产的经济学

基于藻类油的能量含量和藻类生物质的油含量，如今藻类生物燃料生产的成本与要求的有 50 倍之悬殊。如何降低成本迫在眉睫。

6.6.12.1 藻类生物燃料生产的副产品

开发高值副产品是改善藻类生物燃料生产成本的重要方面。比如说，油萃取后的生物质残余可以作动物饲料，就类似伴随玉米乙醇发酵生产干粮食颗粒可溶物分馏的副产品(distiller dried grain solubles，DDGS)。实际上，乙醇厂必须处理 DDGS，否则也不得不作废物问题处置。

然而，对于微藻类生物质残余可以厌氧菌致分解生物燃气以发电，而发酵器的溢流物可回收用作高质量营养素如 N、P 和 C。这样一来，总体比厌氧菌致分解燃料生产具有更高价值：对于藻类生物燃料生产应当从开始就考虑集成生产生物燃气或者动物饲料，同时鼓励发酵器残余料回收。

另一种藻类生物燃料副产品选项是增稠剂，如琼脂、carageenan；着色剂，如虾青素、叶黄素以及保健食品，如 β-胡萝卜素、Ω-3 脂肪酸。实际上，所有这些市场被一个或者几个大型藻类生物燃料生产厂提供就饱和了，比如澳大利亚 Cognis 从 1000hm^2 扩展池每年仅生产 30～40t 的 β-胡萝卜素，即占世界 80%。一些生产厂干脆主要变成保健品厂家而不再是生物燃料公司。

尽管废水处理作为藻类生物燃料副产品一般来说并不适合，但成本较低。即便如此，此项投资并不多。

6.6.13 藻类生物燃料生产的技术-经济分析

藻类生物燃料生产技术对于商业规模生产尚有众多未知不确定因素。NREL 对两个大型开放池塘藻类生物燃料生产企业进行了技术-经济分析。

藻类生物燃料脂类萃取加工过程如图 6-23 所示。

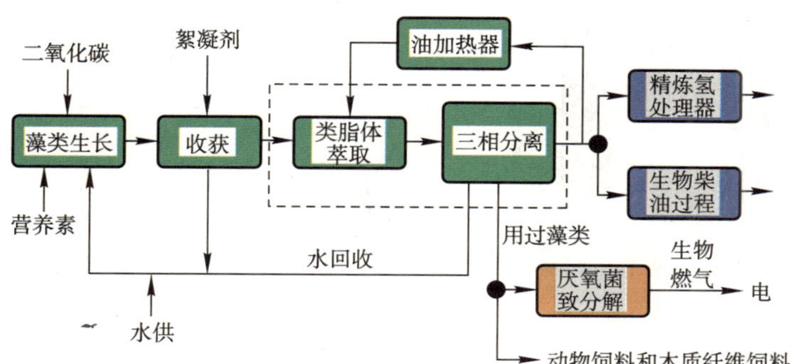

图 6-23 藻类生物燃料脂类萃取生产过程
(来源：NREL)

如图 6-17 所示，藻类生物燃料生产过程由开放滚道池塘、热油萃取过程、氢处理过程(以期得到绿色柴油)或者酯交换反应(以期生成脂肪酸甲酯 fatty acid methyl ester，FAME 生物柴油)组成。详细请见 Darzins 等人 IEA Task 39 2010 报告。

6.6.13.1 研究案例一——美国新墨西哥州 Roswell

对美国新墨西哥州 Roswell 藻类生物燃料生产厂依三种不同情形分析技术-经济效果：

(1) Roswell 示范项目：10g/(m^2 · d)；20cm 深池塘；15%类脂体；

(2) 较高油含量：45%类脂体；

(3) 高生产率：50g/(m^2 · d)；45%类脂体。

图 6-24 所示为美国新墨西哥州 Roswell 藻类生物燃料生产厂依上述三种不同情形分析技术-经济效果。

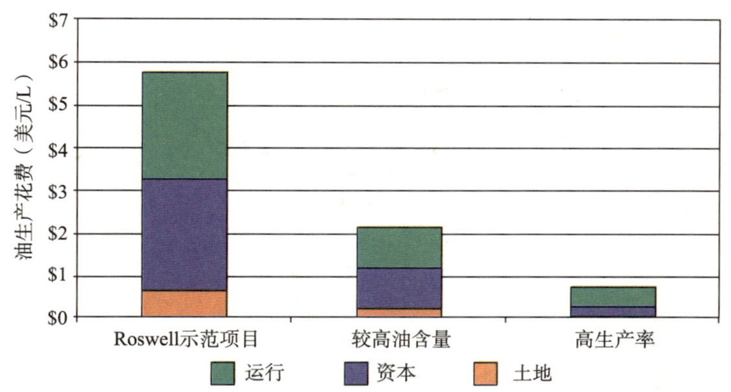

图 6-24 Roswell 藻类生物燃料生产厂依三种不同情形分析技术-经济效果
(来源：Darzins *et al*，2010)

类似技术-经济分析（依三种不同情形）在池塘和光生物反应器（photobioreactors，PBRs）间进行。光生物反应器中藻类生物质更浓缩，减少收获花费；但用水多，因为蒸发制冷的缘故；遂导致总花费 5～10 倍于开放池塘，见图 6-25。

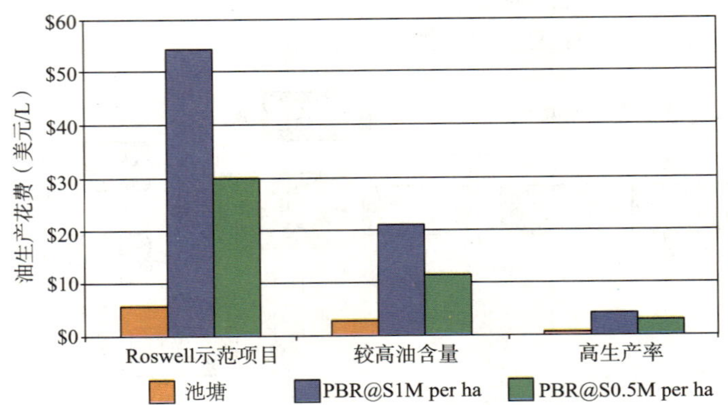

图 6-25　开放滚道池塘和两种光生物反应器（PBR）花费比较
（来源：Darzins *et al.*，2010）

鉴于开放滚道池塘易受环境污染，而光生物反应器则不然；对于高生产率和高油含量，花费其实也是可以比较竞争的。

6.6.13.2　研究案例二——澳大利亚大型开放池塘

在澳大利亚西部 Karratha 大型开放滚道池塘藻类生物燃料生产厂的分析中采用动态材料平衡及经济模型。假定系统产量 100mL/a。地点选择满足所有要求：平坦黏土地、CO_2供应、天气允许 340d 运行、海水供藻类生物柴油生产。图 6-26 描绘了这一分析结果。

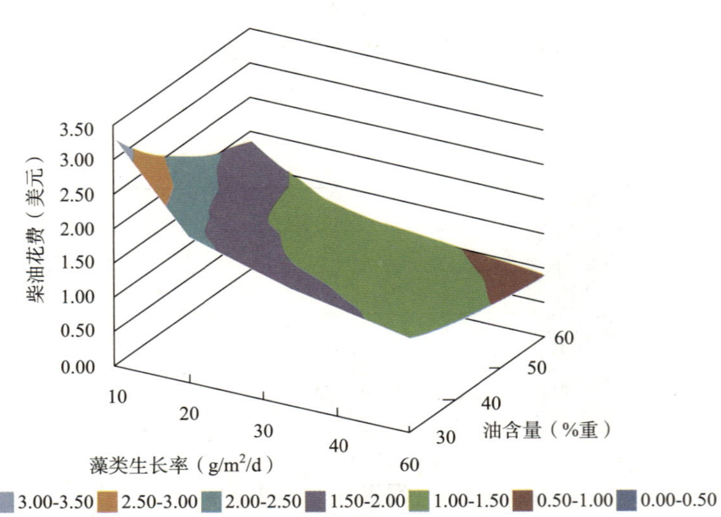

图 6-26　藻类生长率、油含量对于生产藻类生物柴油花费的影响
（来源：Darzins *et al*，2010）

总而言之，技术-经济分析表明了藻类生长率、油含量对于生产藻类生物柴油花费的影响，近期成本花费相当地高于石油化工液体燃料以及陆生作物生物燃料。然而，如果藻株保持高生产率并且高含油，生产藻类生物柴油必然有能力与其他石油化工液体燃料以及陆生作物生物燃料在市场上争一短长。

6.6.14 藻类生物燃料对将来液体运输燃料的贡献

藻类途径提供了一个似是而非的技术，只利用海水就能生产藻类生物燃料和动物饲料等副产品。尽管有研究和发展(R&D)的支撑，沿藻类生物燃料整个生产链的多种技术突破以及花费减少尚需时日。即便如今全世界所需液体运输燃料的1%由藻类生物燃料替代，同时假定生产率是500000L/(hm^2・a)，还是需要1000000hm^2 藻类生产池塘。

当然，全球至少有几百万公顷的土地满足生产藻类生物燃料的要求(天气允许常年运行，平坦黏土地、具备水和CO_2源)。然而，最大的示范项目可能很难在2015～2020之前完成。要达到所要求的生产率，关键取决于藻株的培养，而这一开发需10年时间。另外，监管机构批准和规模扩大等因素均需考虑。当第一批商业企业成功运转，2030年达到几百万公顷藻类池塘才会实现。图6-27所示为澳大利亚赫特泻水湖(Hutt Lagoon)杜氏盐藻(Dunaliella salina)大型池塘航拍图。

图6-27 澳大利亚赫特泻水湖杜氏盐藻大型池塘航拍图
(来源：Google Earth)

6.6.15 藻类生物燃料小结

作为藻类生物燃料的小结，强调以下几点：

(1) 藻类生物燃料及其生产技术具有很多耐人寻味和独有的特征，值得进一步研究、开发和投资；

(2) 尽管有过分热情和乐观的关于花费有效性和近期生产规模扩大的预测，基于微藻类油的生物燃料生产现在已经达到“概念证实”和开发商业化的前期阶段；

(3) 有几个有潜力的藻类生物燃料生产技术，但是一些路径比起其他方法看来更似是而非。研究一贯认为光生物反应器(PBR)的花费比开放滚道池塘藻类生物燃料生产成本高许多；

(4) 比藻类生物燃料生产和精炼高成本更为重要的限制因素是对满足生产藻类生物燃料的要求：天气允许常年运行，平坦的黏土地、阳光、具备水和CO_2源；

(5) 现在难以估计世界范围藻类生物燃料生产的潜在可持续生产量，但不大可能替代现在所用化石液体燃料的大部分。

6.7 可移动液态生物质燃料工艺过程

据《ScienceDaily》2010 年 7 月 11 日报道：美国普度大学(Purdue University)研究开发了一种从农业废料和其他生物质变成生物燃料的新工艺——可移动(mobile)生产生物质燃料的创新设施和工艺。普度大学的化学工程师们准备带着他们研制的可移动生物燃料生产厂(mobile process plant)浪迹美国中西部，生产生物质燃料。

6.7.1 可移动生物燃料生产原理

图 6-28 所示为可移动生物燃料生产原理框图。

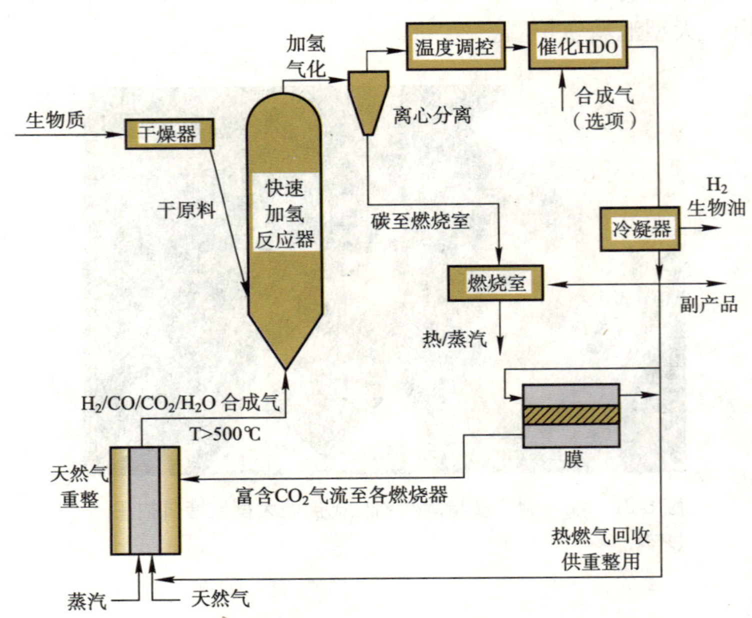

图 6-28 可移动生物燃料生产原理框图

(来源：Purdue University)

如图 6-28 所示，此过程被称为“快速-加氢裂解-加氢脱氧反应”(fast-hydropyrolysis-hydrodeoxygenation)。生物质加氢被送入高压反应器，特别快速(<1s)加热高过 900℉(483℃)。

6.7.2 可移动生物燃料生产特点

比起一般生物质燃料生产，当氢由天然气产生，可移动生物燃料生产可以产生两倍生物质液体燃料。如果氢由部分的生物质产生，可以产生 1.5 倍生物质液体燃料。这是因为有氢、高温以及合适催化剂存在时，生物质会裂解成较小的分子。反应的产品会不断凝结成液体燃料油；而没有凝结的轻燃气，如甲醇、一氧化碳、氢和二氧化碳，分离回收至生物质反应器和重整器。

鉴于一般生物质燃料生产的一大痼疾是生物质原料体积庞大，运输成本高，可移动生物燃料生产则大大降低了这项成本，提高了效率。

6.7.3 可移动生物燃料生产技术创始人

此项技术由 2010 年 6 月发表在《Environmental Science & Technology》杂志的文章中详细论述。文章作者有前博士生 Navneet R. Singh，Agrawal，化学工程教授 abio H. Ribeiro 和 W. Nicholas Delgass。

这一新方法有一绰号“H_2Bioil”——H_2生物油。经建模、实验的深入研究在普度大学完善概念，已申报专利。

7 风 力 发 电

据说风磨大约是公元 500 年起源于波斯，用于泵水、碾磨谷粒。这些风磨有四片垂直翼片围绕中央水平轴随风转动。欧洲最早文献记载这一技术是 1270 年。至 19 世纪中叶，风磨效率达最高；也造就了近代透平机叶片设计的关键特征。

7.1 风力发电概述

7.1.1 关于风能

如前所述，风能是一种次生太阳能。风运动的能量是从太阳辐射转换而来：有太阳光照射和没有(或很弱)太阳光照射地带之间的温度差引发地上空气运动。依据由此而来空气流的速度的不同得以获取技术应用。

20 世纪初风能开始用于发电。20 世纪 70 年代的能源危机以及 1986 年 Tschernobyl 核灾难唤醒了人们关于能源经济的换向思考：是否继续仅通过化石能源和核裂变大规模集中供电这个惟一模式。

自然而然，风力发电提上日程。

7.1.2 风力发电迅猛发展

近十几年来，风力发电几乎依指数级迅猛发展。图 7-1 描绘了世界 IEA 风电成员国报告年新增风电容量、累计风电容量和年风力发电量(1995～2009 年)。

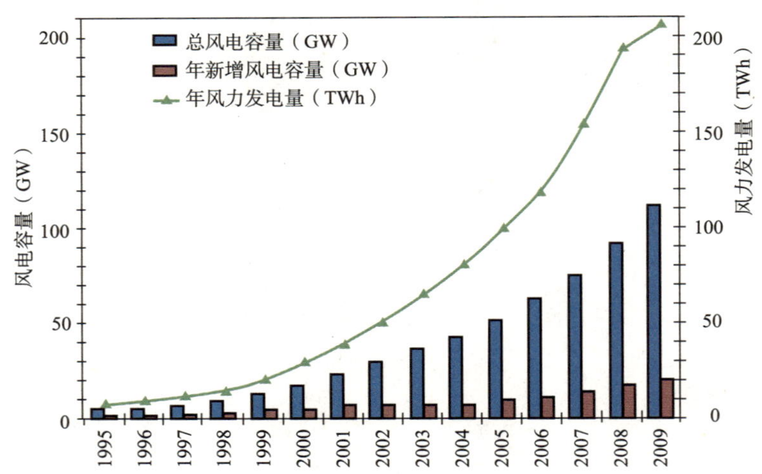

图 7-1　世界 IEA 风电成员国报告年新增风电容量、累计风电容量和年风力发电量(1995～2009 年)
(来源：IEA)

表 7-1 罗列了 2009 年世界新装风电容量。

2009 年世界新装风电容量 **表 7-1**

IEA 风电　成员国		非成员国	
国家	2009 年风电新增容量(MW)	国家和地区	2009 年风电新增容量(MW)
美国	35086	中国	25104
德国	25777	印度	10926
西班牙	19149	法国	4492
意大利	4850	土耳其	801
英国	4051	波兰	725
葡萄牙	3616	巴西	606
丹麦	3480	比利时	563
加拿大	3319	新西兰	497
荷兰	2216	中国台湾	436
日本	2056	埃及	430
澳大利亚	1712	摩洛哥	253
瑞典	1448	智利	168
爱尔兰	1264	哥斯达黎加	123
希腊	1087	伊朗	91
奥地利	995	突尼斯	54
挪威	431	尼加拉瓜	40
墨西哥	415	加勒比	35
韩国	392	菲律宾	33
芬兰	147	阿根廷	31
瑞士	18	牙麦加	23
		哥伦比亚	20
		乌拉圭	20
		其他	1675
总计	111531	总计	47146
全部(MW)	158677		

和其他可再生能源技术相比，风力发电容量在数量上最接近化石能源系统。这一技术成熟、坚固耐用、往往沿海岸线安装。

运行于独幢建筑中的小型风力发电(一般小于 30kW)，提供直流或交流电输出。直流时，需充电蓄电池。大型风力发电设施适用于商业、工业和建筑群用途。

7.1.3 风力发电设施

风力发电要和环境、自然以及社会经济和谐相处；风力发电也应当逐步地被推广。

风力发电还提供了与其他可再生能量承载物相结合(无论是联网供电系统还是独立供电系统)的坚实基础。在德国，共计安装78亿瓦风力发电容量，7500座风力发电设施，在可再生能源发电大家庭中居第二位。其中，容量在500kW～1.5MW的绝大多数是用于联网供电系统。如今，欧洲安装风力发电设施的主要方式是“风电公园”。

图7-2 风电公园
(来源：Rønland wind farm，Denmark)

设施安置地点的平均风速是风力发电设施收益的关键因素：风力发电设施的功率与转子叶片面积以及风速的三次方成正比。风速提高10%，风力发电设施的出力会增加1/3。为此，大部分风力发电设施安装在海岸线或近海岸，高塔之上并且具有大面积转子叶片。海岸“风电公园”联网供电系统以及海下电缆花费较高。

7.1.4 风力发电连接公共电网

目前，风力发电和其他可再生能源发电在与公共电网连接的经济性方面尚有差距。德国在实现2015年与公共电网连接的经济划算方面提出如下要点：

(1) 增加容量相当于现总容量5%的高压干线；

(2) 增加的风力发电设施，成本相对下降；

(3) 增加其他发电设施替代风力发电不太可能；

(4) 联网设施现代化，改善管理。

7.1.5 原始能源的节省趋势

在内陆地区，一台名义值2MW的风力发电设施每年平均产电3000000～4000000kWh。鉴于德国一个普通家庭年平均耗电4000kWh；那么一台2MW的风力发电设施可以满足 750～1000 户家庭用电。

如此说来，一个小型住宅区可以不用大容量商业和工业电网供电，而通过一座 2MW 的风力发电设施单独满足供应。

如果有 5MW 的风能发电设施甚至可以供应一座小市镇。完全可以让化石能源煤、石油和天然气，以及核燃料铀靠边站。目前德国研制最大风力发电设施容量 2.5MW，风车直径 90m，塔高 120m；可供 1000～2000 户家庭用电。

随着不再燃烧化石能源煤、石油和天然气，温室气体排放也大大减少。

风能发电设施也有对环境负面影响：由于转子空气动力学的干扰不可避免地产生噪声；激怒和分散候鸟迁徙，对此环保界颇有争议。这些导致风能发电设施的利用被限制一定比例并有待立法完善。

7.2 风能变换器

到目前为止，已经有很多不同形式的风能变换器开发出来。主要依照下列元素分类：

(1) 转子水平还是垂直安置；

(2) 转子风翼数目；

(3) 如何装备贡多拉(Gondel，意大利水城威尼斯独特的游船造型)；

(4) 是否带传动变速齿轮箱；

(5) 所选发电机种类；

(6) 风能变换塔如何运作。

实际上，鉴于力学机械负荷，带有三风翼叶片的水平安置转子最常用。

7.2.1 小型风力设施

小型风力设施在系统中依转子轴垂直安置还是水平安置有两种区分。

具有垂直驱动轴的小型风能变换器，其转子的风翼就好像“扫雪扫笆”一样运动，而传动齿轮箱和发电机安置在近地面处。和可以不用铺设塔绳索加固来保持动态稳定的水平驱动轴机械完全相反，垂直驱动轴的小型风能变换器必须在驱动轴上部轴承处予以固定。

垂直驱动轴机械的一个缺点是：当风吹向对称布局风翼叶片时，系统不能自运动。因此，垂直驱动轴的小型风能变换器的发电机设计成：转子启动速度不为零。

垂直驱动轴的小型风能变换器相对于水平驱动轴机械效率最多时能低 35%，但不取决于风的方向并且能为在地形起伏地区安置传动齿轮箱和发电机提供方便。这样的系统可以毫无疑问地耦合到一个水涡刹车装置；与此同时，不仅发电还可以产热。

对于垂直驱动轴的小型风能变换器而言，按转子类型有如下几种：

(1) 单翼叶片转子；

(2) Darious-转子；

(3) H-转子；

(4) Savonius-转子。

其中，(2)、(3)和(4)曾经在本丛书第三册《建筑可再生能源的应用（一）》第 10 章《潮汐发电》第 10.4.2.3 节特别是图 10-13 中简单介绍过。

如今，具有额定功率 100kW 以下的小型风能发电系统最受青睐。这系统包括 1kW 的微型和 1～10kW 超小型以及 10～100kW 中小型。实际应用中，小型风能发电系统还可以到 500kW。

7.2.1.1　单翼叶片转子

单翼叶片转子是由配重调节的小型风能变换器。单翼叶片转子比起双翼叶片转子和三翼叶片转子结构简单、投资少，但必须经过补偿满足动力学的要求。

现代快速转动部分的功率系数已经能够达到 50%。但是，前提条件是速比(Schnelllaufzahl)λ 为最佳。对于双翼叶片转子和三翼叶片转子有 λ 推荐值：双翼叶片转子——8～10；三翼叶片转子——5～7。当额定发电能力 2～3kW，一般转子直径 4m，风速 12m/s。水平驱动转子轴的安置绝大多数按照风旗背风向。

7.2.1.2　Darious-转子

法国工程师 Georg Darious 于 1929 年发明了一种垂直驱动轴的小型风能变换器，如图 7-3 所示，即围绕一个垂直驱动轴的两个或三个叶片的"超大葱头"。

Darious-转子的功率系数仅达到水平驱动轴转子的 35%并需要协助启动。为此，Darious-转子往往和一个三叶片 Savonius-转子间或组为一体。

和水平线放置旋转轴的螺旋桨式风能变换器比较，Darious-转子并不需要经常调整及校对风向。另外，Darious-转子运行噪声小；利用风含能量较好。

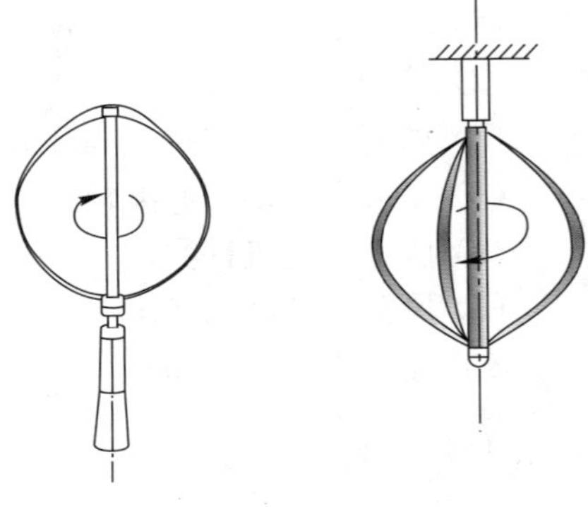

图 7-3　Darious-转子
(来源：IB-THEISS)

7.2.1.3　Savonius-转子

芬兰船员 Singurd Savonius 于 1925 年研发了 Savonius-转子。如图 7-4(*a*)所示，即围绕一个垂直驱动轴的两个或三个弯曲的叶片组成。因为叶片在轴附近彼此搭接，风从一个叶片转向立即流向紧接着的另一叶片。这样旋转起来，围绕垂直驱动轴形成一个圆柱型外罩。

Savonius-转子旋转较慢，因此与表面形状相关的空气阻力得到充分利用。当两个叶片面积固定搭接并保持一条敞开缝隙，则产生提高效益的浮力效应。通过叶片型式和叶片搭接不但空气阻力而且叶片驱动都对风能变换得以利用。

Savonius-转子独立运转，与风向无关。此类转子适于风速 1.0～15m/s，然而，此时功率系数 C_p=0.23，即效率很低。

但从另一方面看，Savonius-转子结构简单且结实，用于带动水泵合适。鉴于 Savonius 转子的高转矩，可作为非独立运行的 Darious-转子的助手。为此，Savonius 转子大部分依两级互呈 90°安置运行。

7.2.1.4　H-转子

如图 7-4(*b*)所示，垂直轴 H-转子运转与风向无关。由于这种垂直安置，发电机可安排在底部，甚至于不要传动齿轮箱。这时，发电机选永久励磁、多极对数的低转速型，并确保足够电功率输出。

H-转子的典型特性不仅被推荐用于极端气候，而且还适合于在内陆环境的建筑上。

鉴于 H-转子结构结实紧凑，常用于较恶劣天气，诸如：

(1) 高山牧场守护孤舍；

(2) 小岛；

(3) 船、浮标；

(4) 运输车辆。

当然，在这些地方也可能与其他能源组合，如太阳能或柴油发电机等。

由于 H-转子运行几乎没有风噪声，德国北海海岸旁 24m 高楼顶安装 H-转子风力发电机，风速达 6.5～8m/s。法国巴黎更展现风电应用热情，欲与埃菲尔铁塔争奇斗艳，见图 7-5 巴黎夜景。

通常小型风电的应用归类：

(1) 单相或三相馈送公共电网，带有最佳电池存储；

(2) 供暖及热水制备；

(3) 水源热泵；

(4) 饮用水制备；

(5) 海水淡化。

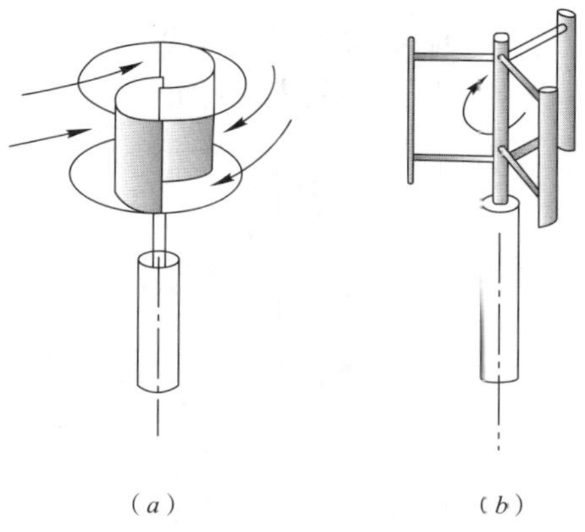

图 7-4 垂直驱动轴转子
(来源：IB-THEISS)
(a) Savonius-转子；(b) H-转子

图 7-5 法国巴黎风电应用与埃菲尔铁塔争奇斗艳
(来源：Santa Monica)

7.2.2 大型风力设施及风电公园

风电设施开发 20 多年来，规模越来越大：1987 年仅 50kW，1998 年已达 785kW。如今最高的风塔可达 75m。

沿欧洲海岸，已有 920MW 风电设施安装。最近 17 个项目拟安装 18000MW 容量的风电设施。

7.2.2.1 近岸风力发电设施

2004 年德国第一个近岸风力发电设施在 Emden 建成，高 120m 的风塔；叶片长于 50m 的转子。见图 7-6 所示。

图 7-6 2004 年德国第一个近岸风力发电设施在 Emden 建成

(来源：Enova)

7.2.2.2 陆上风力涡轮机

陆上风力涡轮机运行于风速较弱但至少 2～3m/s 陆地地区。陆上风力涡轮机发电功率随自然风力不稳定，平衡系统短时功率波动需要调节器介入。

陆上风力涡轮机可以对增加可再生能源发电比例做出重要贡献。过去十年，德国在陆上风力涡轮机使用调节器迅猛发展，遂使 2008 年风力发电占到总发电需求量的 7%。

7.2.2.3 海上风力涡轮机

鉴于海上风力远远大于陆上风力，海上风力的开发潜力巨大无比。然而，海上风力开发的前提在于：

(1) 合适的设施(WEA)具有高度可靠性；

(2) 海事工程与风力发电组合。

欧共体计划开发海上风力发电 140000MW。海岸外 30km，深 25m；计划开辟 30 个海上风电公园。

至 2030 年，德国拟开发海上风力发电 25000MW，加上陆上风电使风力发电占到全部发电量的 25%。

图 7-7 展示海上风力发电公园、合适的设施以及海上安装运输的经验和设备。

海上风力发电设施确保安全运行的关键在于设施外部防止海盐水腐蚀以及设施内部空气密封并且湿度低于发生腐蚀湿度值的 60%。

图 7-7　海上风力发电公园、合适的设施以及海上安装运输的经验和设备
(来源：Deutsches Museum)
(a)海上风力发电公园；(b)合适的设施；(c)海上安装运输

7.3 风力发电的设计和核准

7.3.1 设计绩效

通常，设计任务包括：

(1) 购置风力涡轮机运行合适的地点；
(2) 环境保护审批程序/建筑审批程序；
(3) 电网连接设计、设计并建立变电站；
(4) 建立每一过程的设计原则和可行性研究；
(5) 从设计到项目施工的可靠全程质量管理；
(6) 通过现代项目管理监控整个项目始终；
(7) 整个项目的成本控制和经济管理；
(8) 与相应电网运营商及电气安装公司协商电能馈送电网及存储的项目安排；
(9) 变电站建造和运营；
(10) 投标及承包；
(11) 项目融资；

(12) 建设总监；

(13) 从开工至退役的运营导引和技术支持。

对于地区经济，风力发电带来一系列优点：

(1) 增加地区收入；

(2) 风力发电所在地的长期可预期税收增加；

(3) 地区资源和分散资源利用的概念；

(4) 通过建设和运营风力发电设施向社会介绍本地中小型民营企业。

7.3.2 设计基本原则

在设计期，基于对风力评估和计算机为依托的分析，对设计风电所在地风力情况更详细精确掌握。经验表明：内陆地区 50m 高处风速大于等于 5.9m/s，风电所在地的选择可行。

地块的选择应当尽可能地避免对农民、农业经济有不利影响。另外，要考虑当地具体规定，诸如对近程热、远程热的强制条款，对当地生态系统管理特例等。

对于单体风电设施建设设计通常包含如下具体内容。

7.3.2.1 面积利用设计

应当注意：在设计管线安排时，当地设计法规条款要予以公开讨论。

相应的当地法规和执行条款应该在土地利用设计时特别是对于居民区、工业用地及风电设施建设批准用地予以特别的识别和认知。基于默认这些规定，整体设计安排时要依据地形对于提供给能源即太阳能利用有正面或者负面影响的安排要全面给予考量。

土地利用设计对于全年能量收支有重大影响。风电项目地点有强烈风的影响或者较低环境温度(穹顶、低凹及云雾层裹处)，从能量的观点和尊重可接受的生存环境出发，应当避免采纳。

7.3.2.2 土地面积开发和退役

风电公园的开发很大程度上取决于风电设施在风电公园指定的结构。为使风电公园占地面积尽可能地小，建设期间尽量使用并扩大现存的路以能通过大型车辆。为使设备得以安装，要求路宽 4～5m，交错处半径 30m。电线铺设于相应地形埋深 1m，避免影响农业收成。通过一个土地使用合同运作 20～25 年之后土地退役，确保金融收益。

7.3.2.3 土地面积占用

MW 量级的风能发电设施占地面积大约 300m^2 作为设施基础用。包括筑路、变电站和设施基础的全部面积需求，每一个 MW 量级的风能发电设施总共约 1000～2000m^2。

7.3.2.4 对住宅区保持最小距离

风能发电设施应当对住宅区保持最小距离(建筑规范有相应规定，一般来说 300～1000m)以防止风能发电设施噪声干扰。

7.3.2.5 补偿和替代措施

为保护环境和自然风貌，风能发电设施土地利用应有补偿和替代措施，比如农业或绿化风景面积、经济利用面积和文化园区。

7.3.2.6 动植物

研究表明：风能发电设施对植物没有影响；风能发电设施叶片引发的空气波动在很远距离就能被鸟类感知，遂绕道而行。高压电塔桅杆和视窗发生的鸟类撞击远比风能发电设施上发生的要多。

7.4 风力发电的计算

由于地球自转轴与围绕太阳的公转轴之间存在66.5°的夹角，地球表面(包括海洋和陆地)空气壳热量不均匀且不断变化，遂生成空气运动——风。从全球尺度来看，大气中的气流是巨大的能量传输介质，地球的自转进一步促进了大气中环流的形成。

德国空气动力学家 Albert Betz 于1925年研究并推导出风能利用原理：风经风力转换器后速度将降为原来的1/3，即风能利用效率有一最大值59%。

7.4.1 风能利用

风所具有的巨大动能经不同的能量转换器变成其他形式可用能量：

(1) 机械能以驱动水泵等；

(2) 借助单个或风电花园风电转换成电能；

(3) 通过水涡流制动转变成热能。

替代阻力原理，现代风能设施利用浮力原理。类似飞机的承载面，风借助在风电设施转子叶片附近的过往气流产生一个浮力。依此，风电设施最多可以利用风能的60%，比利用阻力原理多产生15%的电能。

风能设施不可能在任何风速下均能运转。风弱时，不能承载和克服摩擦力，就如同电动机不能重载启动一样。正常运行下，输出功率和风速的三次方成正比：风速加倍，功率增加呈8倍。当风力剧增时，必须要防止毁坏转子。为此，风速超过一个强度约10m/s，应拒绝工作。这样一来，风能设施在飓风来临时也不会受到伤害。

7.4.2 风速

风速对于风功率至关重要。地区不同，风速差异很大。

风能转换器将风的一部分动能转换成机械功。作为物理基础，风能能量保存是以空气质量流的形式存在的。

转子功率 P(W)：

$$P=C_P\cdot\frac{\rho_L}{2}\cdot\nu^3\cdot A$$

耦合功率 P_e(W)：

$$P_e=A\cdot\frac{\nu^3}{2}\cdot\rho_L\cdot\varphi\cdot\eta$$

式中 C_P——功率系数；

ρ_L——空气密度(kg/m^3)；

ν——风速(m/s)；

A——转子面积(m^2)；

φ——功率因数(0.3~0.4)；

η——效率(0.8~0.88)。

依据Betz推导的风能利用原理：风能转换器的最大功率系数为0.593。功率系数是与透平、齿轮传动、发电机和逆变器等特别是透平机的特性与发电机系统息息相关。

7.4.3 可用风功率

理论上，质量m风速ν的风气流所含动能：

$$E_k=\frac{1}{2}m\nu^2$$

空气密度为ρ的风功率P：

$$P=\frac{1}{2}A\rho\nu^3$$

可用风功率：

$$P_u=\frac{1}{2}C_P A\rho\nu^3$$

这里，C_p是实际功率系数，A为转子面积，ρ是空气密度。

7.5 风力发电运行标准

7.5.1 转数调节和功率限制

实际上，为限制接收风气流能量以及防止风电设施过载采用两种调节系统：

(1) 通过叶片的角度旋转引发的转子气流卸载的频率控制(pitch-control)；

(2) 通过一个定义的空气动力学转子气流卸载来进行的失速控制(stall-control)。

7.5.1.1 频率控制

频率控制(pitch-control)方法：在风速波动时(比如出现阵风)力图使风电设施转子转速与网上微调(异步发电机)相匹配。因为这必须在已经出现功率增加(或者减低)后几秒钟内迅速反应，频率控制(pitch-control)主要应对出现功率增加的情形。作为补救，这里有带有同步发电机的失速控制(stall-control)。

小型风电设施转子叶片调整大部分依靠适合当地能源供应的无源叶片角度定位。此处转子叶片可旋转并弹性承载得以执行负荷调整。

另一种限制能量接收的方法是将风电设施转子撤离风气流主方向，或者通过翻转增大偏航角来实现降低能量接收。

7.5.1.2 启动风速和关闭风速

启动风速标识风气流能够进入风能转换设施的最低速度。关闭风速表示关闭风能转换设施的最高风速。启动风速越低，由风能输出的电能越多。

限制关闭风速还有结构性原因。按照机器类型，风速20～28m/s时通过电液控制装置借助频率控制(pitch-control)将风气流转出或者用简单的结构将转子前缘(失速stall)的风气流卸载来限制功率传输。转子被“撕裂”以至无承载，或者转子平面与主风气流方向呈近似90°角。

7.5.2 风能转换器的转子叶片

实际上转子叶片的形式以及转子叶片的数量是取决于浮力的作用。

对于一个多翼风轮(美国式风轮)一般转动速度低，输出功率小。启动之后，由于多个叶片本身就具有小的风速，而且每一叶片都有浮力作用，使得仅仅在前面叶片已经进入空气阻力而后面单个叶片有一倾角时，转子速度才有少许增加。正因为这一关系，转子速度和输出功率得以限制。

塔影效应是当某一转子叶片恰逢塔身，形成电压正弦闪烁。在带有直流中间线路的同步发电机，对电压正弦闪烁则没有感知。

在异步发电机，电压正弦闪烁经由前述异步发电机的额定功率对于各自结点短路容量的关系而得以降低。

7.5.3 风向导航

和垂直轴风能转换器相反，水平轴风能转换器需要风向导航；保持风总以恰当的角度吹向转子叶片。

快速变化风向和阵风使得频率控制(pitch-control)方法遇到困难，会导致较大功率波动。此波动一般通过转数变化来收集信息。

由处于顺风和逆风之间的转子位置来区分：顺风转子在塔前，逆风转子在塔后。为保持运行稳定，应当采用传动侧轮和蜗轮。尽管如此，逆风时仍有缺点：转子叶片经常承受塔影效应的冲击。除此之外，逆风易在塔身处产生涡流遂导致强噪声。这也是为什么大型风能转换器优先选择顺风转子。

逆风也有优点：在旋转的转子，风压使其能更容易地与风向对正。

实际中，存在少许方向偏差(5°)是允许的。

7.5.4 塔身及基础

风能转换器的一个重要部件是承担支架船体(贡多拉 Gondel)和转子的塔。因为风速随高度而增加，也提高转换器的出力。一般均由钢筋混凝土圆形建构。现在已经有超过100m 高的塔。

举例：60m 高钢结构管形塔，底部直径 65m，顶部直径 2.0m，重达 55t。基础之庞大可见一斑。

图 7-8 展示一座风力能量转换器基础构建情形。

图 7-8 风力能量转换器基础构建
(来源：Windstrom GmbH)

7.5.5 贡多拉和发电机

7.5.5.1 贡多拉

风电设施的贡多拉(Gondel)集成了转子轴承、齿轮变速传动箱和发电机。图 7-9 所示风力能量转换器贡多拉组件。

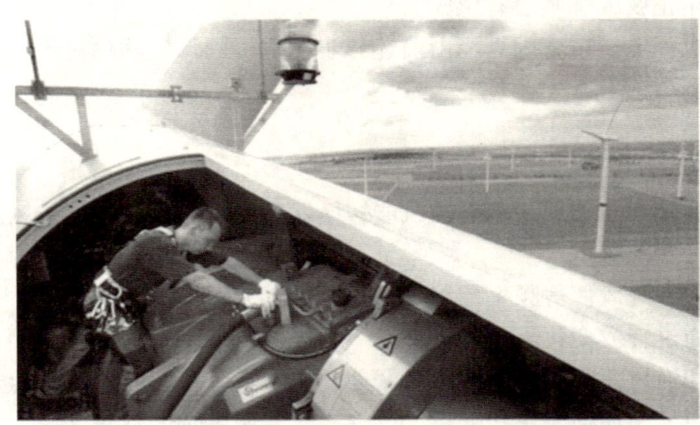

图 7-9 风力能量转换器贡多拉组件
(来源：Windstrom GmbH)

7.5.5.2 变速传动箱

鉴于发电机要求高转速运行，齿轮变速传动箱必不可少。变速传动箱将缓慢转动的风轮转子的转数与发电机要求的高转速相匹配，但由此而来引发一系列缺点：

(1) 高成本；

(2) 由于摩擦损失输出功率降低；

(3) 噪声大；

(4) 增加维护保养费用。

因此，很多人力图采用无变速传动箱运行。但这只得在发电机上想办法：多极、低转速；相应地强迫发电机增加断面尺寸、体积庞大。

7.5.5.3 三相异步发电机

近年来，风力能量转换器的功率已经从 4MW 向 6MW 发展。对于这么大的功率而言，带有滑环转子的三相异步电机作为发电机被证实特别经济。这是因为：三相异步电机具有紧凑结实的结构以及可以高效地对其进行功率电子学控制。

双馈三相异步发电机可以非常高效地满足风力能量转换器转速相对于同步转速浮动±30%的要求。这里起决定性的因素是：在高于或低于同步转速发电运行时，带有电压链接的间接换相器和可关闭半导体驱动阀的功效。对此尚有如下判据：

(1) 电流变换技术的解释；

(2) 相移操作；

(3) 发电机的性能。

7.5.5.4 网路同步运行方式

风电转换的经济功效和连接网路同步运行方式密切相关。

所谓"风电转换连接网路同步运行方式"指的是：风电转换成交流、三相、与公共电网频率及相位一致。

为达到风能设施的可靠性和可供性，必须：

(1) 将风电转换设施连接公共电网的负面影响降到最小；

(2) 通过较少的离网运行和停运，提高风能设施的运转时间。

欲充分利用可再生的风能发电往往采用两种发电机系统：

(1) 异步发电机优先用于小功率，容量至 500kVA。

(2) 同步发电机相反用于大功率。

因为实际上功率大小难以确切定义，所以介于两个系统之间有很多过渡选择。

异步发电机为建立旋转磁场涉及来自电网的感性无功功率。另外此种发电机启动时尚须从电网提取部分有功功率。当风力超过同步转速，异步发电机才提供有功功率给电网。风速波动，有功功率幅度亦变动。实际上，依分钟计，风速波动可达 50%～120%。当进一步从电网吸收感性无功功率时，需要安装无功功率补偿器。出现事故时，所使用的功率补偿电容器不应导致自行控制发电机。

异步发电机优点在于设施简单、投资成本低。

异步发电机的缺点：

(1) 齿轮变速传动箱必不可少；

(2) 不能独立运行(孤岛)；

(3) 连接电网承载能力差。

图 7-10(a)所示为异步发电机运行框图。

图 7-10(b)所示为同步发电机运行框图。

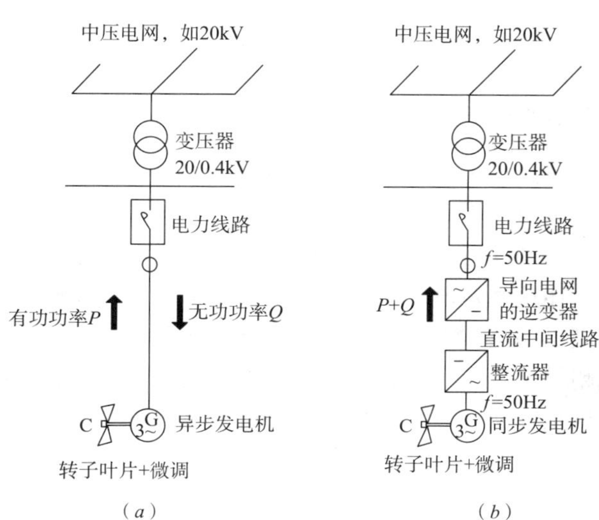

图 7-10 发电机运行(来源：IB-THEISS)

(a)异步发电机；(b)同步发电机

同步发电机与电网连接系统必须经逆变器、直流中间线路、整流器组成(见图 7-10(*b*))。

同步发电机运行必须受外界激发；因此，会影响电压或产生的无功功率。同步发电机联网开关应满足同步化条件。

同步发电机优点：

(1) 在较大转数范围内，能量转换高效；

(2) 无齿轮变速传动运作可行；

(3) 可以独立运行(孤岛)；

(4) 因为有直流中间线路，电能存储可行；

(5) 连接电网承载能力强。

同步发电机的缺点：

(1) 逆变器增加投资成本；

(2) 整流器和逆变器造成功率损失。

为确保风力能量转换器发电机运行稳定联网必须解决如下问题：

(1) 电力用户最好不要直接与风力能量转换器电网相接；

(2) 联网结点 20kV，不要低压连接；

(3) 直接与供电局联网结点必须具有电力开关保证全极电分离；

(4) 如异步发电机运行，要特别小心功率补偿给予公共电网的回馈作用以及对音频谐波控制器的影响。

除此之外，还应实现如下保护系统：

(1) 发电机过载和短路保护；

(2) 设施应对过压和欠压(70%～120%)的保护；

(3) 设施应对频率过高和过低的保护；

(4) 联网短路保护和双接地保护；

(5) 接地故障；

(6) 电网分离。

7.5.6 风力设施对电网的回馈作用

功率强大的电能供应诸如大的太阳能发电站或风能设施会在电压、频率以及高次谐波方面影响当地公共电网供应。

短期和长期风速的波动的影响通过调控转子、发电机以及多个风能设施组成风电公园予以平衡花费颇高。上述这些对电网供应的负面作用可以通过需要感性无功功率的异步发电机与经频率逆变器供电的同步发电机刚性联网耦合而予以减小。

另外，风能技术超导体发电机的开发会注入新生机。现今，8MW 无齿轮变速传动装置的超导体风能发电机正在研制。至于提高发电机效率已不在话下，已经达到了 98%。

7.5.7 高温超导

随着风能转换设施发电容量从 6MW 向 10MW 进军，高温超导可以大大减低发电机体积和重量，意义重大。

高温超导原理：当一个导电体的电阻接近于零，可以没有热损失地流过特大电流。如是，发电机将非常紧凑，能用很少的材料、体积和重量来生产。

超导的利用目前仅在实验室研究阶段并在低温显现。比如在液态氦（温度 4K＝－269℃）的实现，设施花费相当高。1986 年柏诺兹和缪勒发现了 35K 超导的镧钡铜氧系统。这一突破性发现导致了更高温度的一系列稀土钡铜氧化物超导体的发现。通过元素替换，1987 年初美国吴茂昆（朱经武）等和中科院物理所赵忠贤等宣布了 90K 钇钡铜氧超导体的发现，第一次实现了液氮温度（77K）这个温度壁垒的突破。柏诺兹和缪勒也因为他们的开创性工作而荣获了 1987 年度诺贝尔物理学奖。

这类超导体由于其临界温度在液氮温度（77K）以上，因此通常被称为高温超导体。比如，一台 4MVA 船用发电机采用高温超导体后直径由通常的 2.7m 降到 1.8m，重量由 11t 减少到 7t。

7.5.8 雷电过电压保护和接地保护

7.5.8.1 雷电过电压保护原则

原则上，雷电过电压危险和高度的平方成正比。

由于风能转换设施完全露天安置并且具有非常高度，雷电过电压保护特别重要。

风能转换设施聚集了大量电气和电子元件，必须足够的雷电过电压保护措施才能得以运行安全。为保证投资高昂的风能转换设施收益性，确保减少系统静止时间和降低维护成本至关重要，当然也包括雷电过电压保护设施在内。

国际电工委员会标准 IEC 61400-24 是雷电过电压保护和接地保护的基础。德国安全保险联合会（Verband der deutschen Sachversicherer，VdS）推荐风能转换设施采用其颁布的 VdS-Richtlinie 2010 规定的“危险类雷电过电压保护和接地保护”标准，即至少属于雷电保护Ⅱ级。

保护转子叶片和带旋转轴承的设施元件这些复杂问题必须逐一仔细检查；而有关雷电过电压保护和接地保护应由生产供应商进行专业考核，给出详细的解决问题的办法，例如：

（1）雷电电流导线和转子叶片接收器雷电电流测试；

（2）轴承雷电电流传导能力；

（3）客户指定的保护电气设施的开关单元通电测试。

雷电过电压保护的措施主要包括：

（1）顾及电磁承载力（Elektromagnetische Vertraeglichkeit，EMV）环境标准，雷电保护的结构性措施：导线和场的干扰量作用于关键节点时，降低承受值；

（2）屏蔽保护措施；

（3）接地设施。

当变电站和风能转换设施分开建设时，必须有雷电保护区从 0 区到 1 区的过渡（BSZ0→BSZ1）。对于控制技术设施如频率逆变器或者晶闸管启动器必须设置保护区 2。

7.5.8.2 雷电保护区（BSZ）分类

雷电保护区分类的依据是国际电工委员会标准 IEC 61400-24、IEC 61024-1 以及 IEC 61312-1。与此相应，在变电站实现雷电保护区 1 和 2。雷电保护区从 0 区到 1 区的过渡（BSZ0→BSZ1）涉及 450/690V 电力供应系统到变电站的移交点。当在此安装中包括：功率参数数据远程传送、能量提供者故障监测和远程开关等，此处必须依BSZ2 实现。

对于风电设施贡多拉的保护措施区分为BSZ1 和BSZ2。从0 区到1 区和2 区的区域过渡，无论如何必须考虑放在外面的传感器(测风仪、飞行障碍物标识)。

图7-11 所示为雷电保护区分类简图。图中LPZ 即雷电保护区的英文(Lightning Protection Zone)缩写；(德文BlitzSchutz Zone，BSZ)。

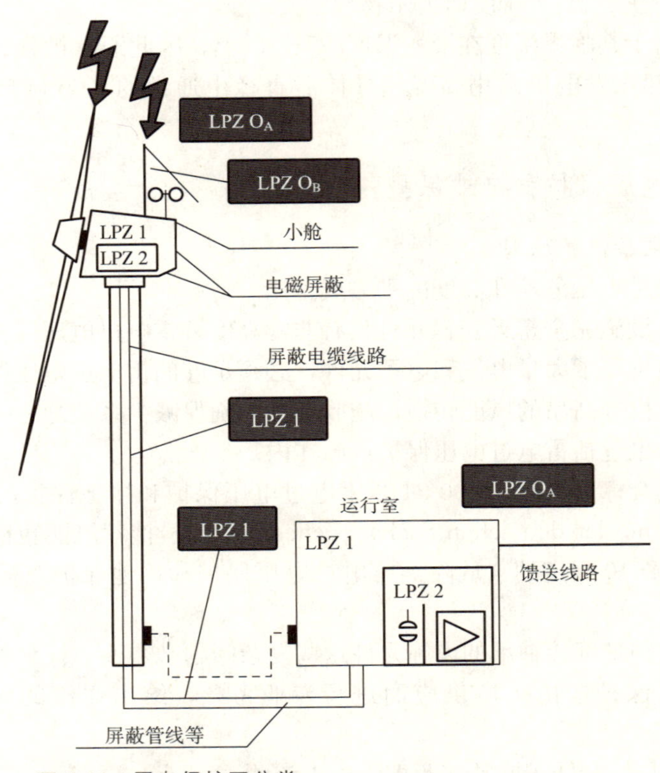

图7-11 雷电保护区分类
(来源：DEHN+SÖHNE)

按照德国相应机构的规定：风电设施周边高度低于60m，雷电保护等级为Ⅲ级；风电设施周边高度高于60m，雷电保护等级为Ⅱ级。

基于雷电保护等级，再依据其他更细化的决定标准选择，确定外部避雷保护安置和防雷电流传导线路布局。

贡多拉应当按照闭合金属屏蔽(法拉利笼)来构建。这样一来，贡多拉内部体积的电磁场比起外边电磁场减弱了许多。

7.5.8.3 接地保护

为使风电设施很好接地，无论如何塔的防护(铠甲加固)要和接地系统连接在一起。建造塔的基础和运行室的基础都要考虑接地导线可能发生锈蚀的情形在内。

为了保持尽可能大的接地设施，塔的基础和运行室的基础接地呈网状建造接地。根据现场情况要求在塔基附近增加构建电位控制环状接地，以期在有雷电袭击时减小跨步电压和接触电压，能够确保人身安全。

图 7-12 所示为接地保护格网安排简图。

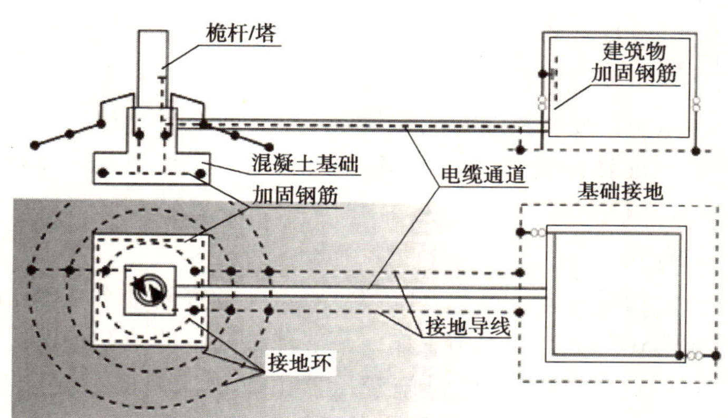

图 7-12　接地保护格网
(来源：DEHN + SÖHNE)

变电站司职将风能发电机电压和电网平均电压匹配。一般地说，变电站与塔基很近，有的生产厂家甚至将变电站放在塔底。塔底安置有带开关元件的低压主配电设备、使发电机电压与 50Hz 匹配的频率逆变器以及控制技术设备。

在贡多拉集成了传感器和执行器、齿轮变速传动和发电机监控以及贡多拉风速采集驱动的测量和控制技术装置。

在风能设施转子叶片轮辕还进一步安置有控制和驱动技术装置。主要电子设备保证安全运行，比如强风时，自动退出。至于现有机械制动系统因为很重故难以控制；电气安全设施更具重要意义。

因雷电来袭或者开关过渡过程特高的过电压可以导致整个风能转换系统停止运行，雷电过电压保护成为风能转换设施不可或缺的重要组成部分。

需要注意的是对于 230/400V 确定的安装条件仅有限度地用于 400/690V 系统并且因此保护仪器强迫标识——断路电压≥440V。

带电层面上要求为通风和匍匐爬行预留间隙须适合电压 690V。因此，雷电保护导线间距也要相应增加。增加人造材料线间距离保持器宽度 9.5mm，以便适合安装标准在线桥。鉴于高压，雷电保护导线应装在 PVC 衬底或绝缘材料盒中。

无论如何，承重层不要接地。

7.5.9　变电站火灾危险

在变压器内部，通常的绝缘液体，一方面影响环境风机；另一方面，在风能转换装置领域可能招致火灾的巨大危险。

风能转换装置风电变压器并不引人注目地装在塔附近。在海上风能转换装置，风电变压器多安在贡多拉内或外面。

至于巨大风电公园，风电变压器则安置于一个分开的海上平台变压器站。

在变压器内通常采用矿物油(多氯联苯 PCB 基绝缘油)来进行绝缘和冷却。四氯乙烯(Perchlorethylen，PER)，另一种不可燃的绝缘液体，也同其他氯化碳氢化合物一样是致癌且对环境有高度危险。

变压器绝缘液体的燃烧危险和对环境污染的趋势要求予以重新装备。至于经常“令人怀疑”的转子和贡多拉也要重视，真发生火灾，消防员只能作看客——无能为力；并且不得不停止产能发电。这更促使我们对它的重新认识。

作为变压器内绝缘液体的替代，可采用合成液体，如硅(Silicon)和酯(Ester)。硅基绝缘液体尽管不可燃，但是尚有缺点：在溢出时仍然和矿物油一样严重污染环境。硅油在一个月内生物化解只有 5%。

替代酯基绝缘液体功效颇差、可生物降解、对水无危害而且不易燃。酯基绝缘液体不会污染地下水，同样可在海上风电设施工作。一般地估计，一个 2MW 风电设施变压器包含 1200kg 绝缘液体。每座 2MW 风电设施变压器由矿物油换成替代酯基绝缘液体花费 4200 欧元，相当于风电设施总投资的 2‰。

7.5.10 风能存储

7.5.10.1 氢-存储技术

尽管风电环境友好，但这可再生能量十分不稳定。借助氢-存储技术可将风力发电存储起来并且减少事先保持的通常能量。这概念被称为“风-氢-系统”。

2006 年 12 月一个实验研究系统“HyWindBalance”投入运行，包括一个 1.5 天满负荷 5kW 燃料电池。

7.5.10.2 风-压缩空气存储技术

压缩空气存储技术也可平衡风电峰值。

为达到短时间内存储巨大能量，目前已经有泵存储器和压缩空气存储动力装置提供。

在压缩空气存储动力装置，采用压缩机将空气置于 10MPa 压力下密封。这一技术使得：在理想存储器密封的情况下，由电能经浓缩能量可以存储任意长的时间。实现风能存储，同时也意味着风电升值。

存储应在供电局分配网供过于求时进行。相反，当求大于供时，压缩空气从存储器释放并驱动一台透平机带动发电机发电。

一台现代压缩空气存储动力装置的元件包括：压缩机、空洞、一台燃气透平机和一台空气透平机。燃气透平机热的废气导向热交换器将从空洞出来的压缩空气加热，然后引导至空气透平机。这样一来，压缩空气存储动力装置的效率从 40%提高到 54%。

在压缩空气存储动力装置方面的一个革新可以完全放弃天然气。压缩空气技术转换成绝热压缩空气存储动力装置：热存储器(固体或液体存储器)中密封形成的热能在空气退出时可以提供使用即被加热。利用这一技术，压缩空气存储动力装置的效率可以提高到 70%。

美国有一间公司 General Compression 打算建一风能设施——不用发电机而是由 4 台压缩机组成的机器房。按照这种方式，由风能得到的压缩空气存储于地下 2m 约 12 个小时，即直至市场电价最高时释放出压缩空气，通过发电机发电卖个好价钱。

7.5.11 风能设施的考核

风能设施的考核通常依照标准，供设施生产厂家和风能设施建立遵照执行。

在德国，2004年提出标准草案DIN EN 61 400-1(VDE 0127-1)涉及风能设施技术集成的实施各项措施解释要求。其目的在于：提供拟建风能设施在整个的生命周期中各种可能伤害和危险的防止。主要内容包括：风能设施的全部部件、运行和安全系统、内部电气系统、承载结构(DIN IEC 61 400-11(VDE 0127-11/A)，风能设施；声学测量方法(IEC 88/190/CD：2004)。

因为产生的电压一般超过1kV，也适合DIN VDE 010和标准系列DIN VDE 0100。

重复(二次)审核，DIN EN 50110和BGV A3标准不可替代。此时，标准系列DIN EN 61 400(VDE 0127)亦应参考。

按照2007年通过的《飞行障碍物夜间标识管理规定》(AVV)，风能设施夜间安全标识：超过5km可减小到原来的70%，大于10km可减小到原来的90%。

7.6 担保

项目开发商和风能设施生产商之间的购买合同绝大多数包含一项规定：担保期为2年。基于某些条件，担保期也可以为5年。

7.7 风能设施的经济性

7.7.1 经济安全

为确保风能设施项目达到最佳的经济和生态效益，正确选择风能设施项目坐落地点十分重要。当要建立风电公园，要保持恰当的选择风能设施类型和风电公园建构。

估计风电公园的承载能力，须外请鉴定师来计算。对于坐落内陆的风力鉴定和产电预测要与海边地点相比较，同时考虑当地不确定因素的特殊之点。

对于风能设施的收益计算，一般基于至少20年。高额的投资花费应当尽可能地通过当地特殊的收入回报补偿于最短时间内偿还。

7.7.2 产电预算

风电公园的产电预估与多方面因素有关：

(1) 坐落地风力期望值；

(2) 设施类型、大小和特点；

(3) 设施预估计和受限制的高度；

(4) 风气流特征；

(5) 周围环境的障碍；

(6) 当地提供条件：如土地腾空；

(7) 风电公园建构(单个风能设施布局、间距)。

对于单体风能设施的经济性根据不同经济和生态评估标准分析进行。

经济评估分析：

(1) 投资额；

(2) 运行花费；

(3) 电价花费。

生态评估分析：

(1) 环境辐射负担；

(2) 前景和使用变量。

7.7.3 能量偿还

一个风能设施的能量偿还时间通常是 3 到 6 个月。这也正是丹麦对于风能设施整个生命周期研究的成果。风能设施这么短的时间就能产出为设施生产、设备安装、运行维护和设施拆除所消耗的全部能量。在风强的地区甚至只需 2 个月。这也意味着风能设施在整个生命周期可产出 30～82 倍的总共消耗能量。

7.8 风能设施集成于建筑

有越来越多的建筑设计将可再生能源技术包括风能设施集成建筑之中。

图 7-13 家庭风能设施
(来源：BedZED，UK)

7.8.1 太阳空气箔在建筑物集成

至今为止，风能设施这种机器被认为是建筑的附属物，而 Altechnica(UK)展现如何将多个风力透平机变成建筑设计的特征。

图 7-14 所示为由 Altechnica 装备的 Aeoroof 外观。

如图 7-14 所示，系统被设计成安装在屋脊或者曲面屋顶的最高处。风力透平机的转子装入一个笼形结构，捕捉从风力集中器——太阳空气箔(Solairfoil)来的风。太阳空气箔(Solairfoil)的平面部分可安装太阳能光伏模板。

此系统的优点在于形成一个集成如建筑的元件，并且可在现存建筑物上增加所须风能设施。

图 7-14 由 Altechnica 装备的 Aeoroof
(来源：Altechnica)

7.8.2 高层建筑物风能设施的集成

7.8.2.1 Skyzed 项目

这一概念还扩展到高层建筑。这里如 Skyzed 项目，设计有 4 个入口，组成“花-塔”(flower-tower)，见图 7-15(*a*)。垂直轴转子发电机置于每 4 层的平台上，见图 7-15(*b*)。

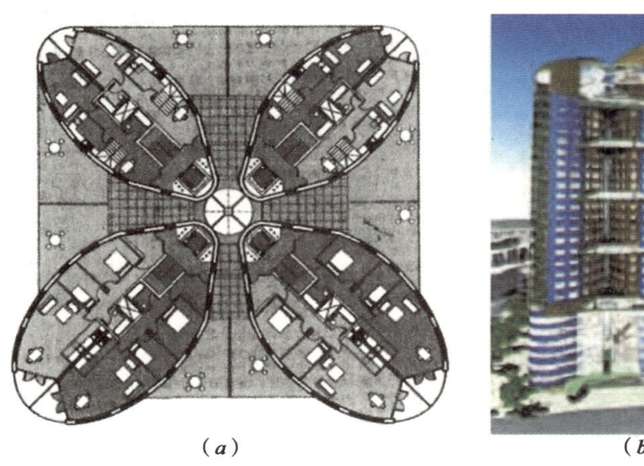

(*a*) (*b*)

图 7-15 Skyzed 项目组成“花-塔”
(来源：mark Lovell design engineering)
(*a*)花-塔平面；(*b*)Skyzed 塔楼及附近地区

此项目强调在底层包含工作和社区空间。每公顷土地面积容 115 个家庭，几乎达到最大容积率。工作和生活在同一区域，共享低能耗建筑理念给人们带来的愉悦和舒适。

7.8.2.2 43 层 Castle House 项目

图 7-16 所示为装有直径 9m 风力透平机伦敦 43 层 Castle House 项目。

三个直径 9m 风力透平机被集成到一座 43 层居民塔楼结构的顶部。此巨型塔楼 147m 高，属于伦敦 Elephant & Castle House 改造项目的一部分。三个大型风力透平机对这座居住着 399 户居民的能量贡献使得比平均英国家庭耗能低 40%。

此居民区风电设施设计以可变速度(按发电机设计)。在风机叶片上利用铝及合金，使得转子具有低转动惯量，意味着此新型风力透平机在风来时可以很快加速，并保持顶尖速度比率几乎为常量。在狂风大作时风机运行以近乎其最佳顶尖速度比率使得风力透平机改善捕捉强风能力，典型地适合城区运作。

图 7-16　伦敦 43 层 Castle House 项目安装直径 9m 的风力透平机
(来源：Modern Building Services)

7.8.2.3　广州珠江大厦

中国广州珠江大厦可谓世界上最高的零能耗大厦。此楼高 309m 共 71 层，办公会议用巨型建筑，提供使用面积 212165m^2，外观见图 7-17。

包括风能设施在内的利用可再生能源措施；太阳能热水制备、太阳光-伏设施、地板屋顶辐射加热制冷，使得珠江大厦在节能低碳领域创造了多项世界之最。

2010 年，大厦业已封顶，将于 2011 年中竣工。

309m 珠江大厦雕塑型体在机械层将风从一对开孔导引进入，遂推动风力透平机发电供大厦使用。图 7-18 所示为珠江大厦鸟瞰。

图 7-17　珠江大厦外景
(来源：SOM)

图 7-18　珠江大厦鸟瞰
(来源：SOM)

8　水力发电和波浪发电

基本上说，水力能量是存储的太阳能。

地球上的水循环由太阳主宰：太阳蒸发陆地表面的水和海水，而后变成降水(雨或雪)返回地表。降水遂形成地表的小溪、河流及湖泊。

水力能经常容易利用合适的机器将流水能变成机械能。

8.1　小型水力发电概述

水力的利用至少有2000年的历史。世界上第一个采用水力发电并用于住宅建筑的是在130年前——19世纪80年代，由 First Lord Armstrong 在英国诺森伯兰(Northumberland)的 Cragside 实现的。后来，国家电网的扩张宣判了很多小水电的死刑。当然，这同时也表明：水力发电并非什么尖端新技术。

(*a*)　　(*b*)

图8-1　小水电
(来源：Wikipedia)
(*a*)1895年美国 Colorado 州 Telluride 一座小水电厂；(*b*)越南西北部一座小水电

然而，现今作为清洁电能，小水电渐受青睐。小水电不像大规模水力发电那样遭受对环境影响的谴责：小水电几乎不排放二氧化硫、二氧化碳和氮氧化物；不会酸化水，反而使河流、溪水更富氧。

本章着力介绍与建筑物相关的小水电。

8.1.1　小水电的环境优势

很多国家低碳建筑项目正给予建筑可再生能源发电技术以资助。小水电系统将贮存在高位水中的势能变成动能，遂驱动透平机提供动力生产电能。

表8-1罗列了小水电全生命周期内和煤、天然气相应周期间生产1kWh电能造成环境辐射比较。

小水电全生命周期和煤、天然气相应周期环境辐射比较（g/kWh） **表 8-1**

	CO_2	SO_2	NO_x
小水电	3.6～11.6	0.009～0.024	0.003～0.006
天然气	402	0.2	0.3
煤	1026	1.2	1.8

结果表明：小水电发电对空气污染仅为燃烧任何化石燃料火力发电造成空气污染的1/300。

从另一角度——各种技术的生态点(Ecopoint)即环境污染惩罚点来分析小水电的生态优势。生态点的内容包含对环境影响的方方面面：全球暖化；臭氧层破坏；水的酸化(acidification)和富营养化(甚至毒化)(eutrophication)；重金属污染；致癌物释放；产生冬季和夏季烟雾、工业废物、放射性废物；以及造成能源的放射和枯竭。表 8-2 给出小水电和其他主要发电能源之间的生态点比较。

小水电和其他主要发电能源的生态点比较 **表 8-2**

燃料	生态点	燃料	生态点
燃料油	1398	天然气	267
煤	1356	小水电	5
核燃料	672		

（以上表格数据来源：西班牙 APPA）

8.1.2 小水电系统规模

发电规模于 10MW 以下都可以算小水电(美国扩展到 30MW，加拿大扩大 50MW)。最小发电容量几百瓦(用电池)直接家用，一个备用发电系统以补充水流季节变化；商业用途至少 25kW。小水电发电亦可联网将多余电能卖给供电局输送到公共电网。

小水电还可以细分到小型(mini hydro)<1MW；微型(micro hydro)<100kW。

1980 年 10 月 17 日至 11 月 8 日在中国杭州和菲律宾马尼拉召开的第二次国际小水电技术发展与应用考察研究讨论会，建议对小水电的规模作以下定义：小水电站为 1001～12000kW，小小水电站为 101～1000kW，微型水电站为 100kW 及以下。

微型(micro hydro)通常用于小型社区、单个家庭或小企业。虽然投资较高，有条件小水电发电的社区得利更大。

8.1.3 小水电系统的选址

大部分小水电坐落于山丘地区或河谷。

小水电的选址近于川流不息的水流，并且相对接近电力用户或者方便接入国家电网。从水电站到用户的架空电线或电缆应具有低电压降。

小水电能量可供性取决于水头和水流速率。产生 1kW 电功率，置于山泉水流的透平机要求水流具有 15L/s 流速以及 15m 的水头。

小水电项目的设计和实施须得到有关当局的批准。项目开发和设计必须严格地在保持水流健康和发电经济效益间作出平衡。图 8-2 所示为英国著名湖区村落 Coniston 安装的小水电设施。

图 8-2　英国著名湖区(左)村落 Coniston 安装的小水电(右)
(来源：Coniston)

8.1.4　小水电系统的发展

在西方发达国家，小水电甚至纳入 DIY 公益项目(DIY 是英文 Do It Yourself 的缩写，即自己动手做)。恢复以前被废止了的小水电并增加新材料和新技术，还组织帮助落后发展中国家开发小水电。

据 IEA 报道：至 2008 年，全球小水电发电系统相比 2005 年增长 28%容量达 85GW。其中：70%在中国，达 65GW；其次日本 3.5GW、美国 3GW、印度 2GW。

据中国水利部网站 2008 年 5 月透露：未来 12 年，中国的水电装机容量将在现有基础上增长近 50%。

如今，水电提供了全世界五分之一的电力。中国大陆地区水电资源技术可开发量为 542GW，是仅次于煤炭的第二大常规能源。小水电遍布中国 1/2 的地域、1/3 的县市，累计解决了 3 亿多无电人口的用电问题。小水电不仅在增加能源供应、改善能源结构、保护生态环境、减少温室气体排放方面做出了重要贡献，还在电力应急保障中发挥了独特作用。经过多年发展，小水电已成为农村经济社会发展的重要基础设施、山区生态建设和环境保护的重要手段。“十二五”期间，中国将进一步加大水电建设力度，小水电开发也将迎来历史性机遇。

8.2　小水电技术简介

8.2.1　小水电方案元件

图 8-3 所示为在一条河上构建微水电方案的主要元件。此方案并不要求专门从河中取一些水存储起来，而是在将河水通过承压钢管“落下”冲向透平机组之前，在峡谷一侧经水道、沟渠将河水引向前湾。透平机驱动发电机发电送到工间，遂经由传输电线馈送至附

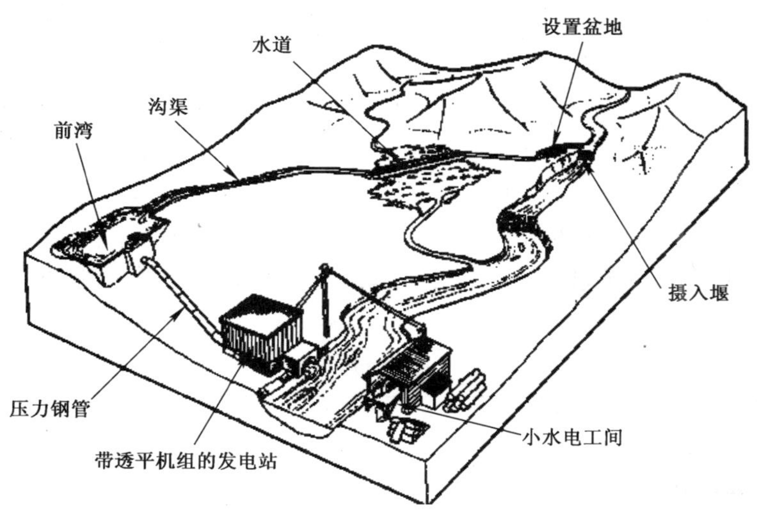

图 8-3 在一条河上小水电方案的主要元件
（来源：Howtopedia）

近村镇供应家庭照明和其他用途。

还有其他方案可用，选择取决于现场地形和水文条件。但是，它们采用的原理相同。

8.2.2 小水电功率产出

小水电潜在功率产出可以按如下表达式估算：

$$P=Q\cdot W\cdot H\cdot G$$

式中 P——理论产出功率(kW)；

Q——流速(m^3/s)；

W——密度(kg/m^3)；

H——水头(m)；

G——重力加速度(m/s^2)。

鉴于水密度 $W=1000kg/m^3$、重力加速度 $G=9.81m/s^2$，理论产出功率 P(kW)可以根据流速 Q 和水头 H 值很容易地算出。当然，还有各种因素导致实际出力低于理论计算值。

产出电力可以通过一个分配网路直接送各家用户；或者经电池存储起来；当然，发电须是直流。多数发电机是交流，一般容量 20kW 以下为单相，较大功率应为三相，频率 50Hz 或者 60Hz。

当满足供电局要求，三相交流电可以联网运行。

8.2.3 小水电适合的条件

开发小水电最适合的地理条件：

(1) 存在常年不息陡峭湍流；

(2) 专门适合小水电的低水头透平能够提供足够输出功率。

适合的地理条件必须实地考察水流和水头数据。从当地气象部门了解降雨量起伏，流水模式以至可以估算功率产出。数据至少要超越一整个年头。

8.2.4 小水电透平机分类

透平机的选择主要取决于可供压头和水流。

透平机按可供压头分类：高；中；低。

透平机按工作方式分类：推拍(impulse)式和反应(reaction)式。

推拍式和反应式的区别在于：前者没有压头损失；后者水离开转叶压力降低。

表 8-3 罗列小水电透平机的分类。

小水电透平机分类 表 8-3

类别	水头压力		
	高(>50m)	中(15～50m)	低(<15m)
推拍(impulse)式	Pelton Turgo 多喷嘴 Pelton		双击式(Crossflow)
反应(reaction)式	Francis 泵作透平	螺旋桨 Kaplan	

8.2.5 Pelton 透平机

图 8-4 所示为 Pelton 轮、Pelton 透平机以及实际应用图景。

(a)

(b)

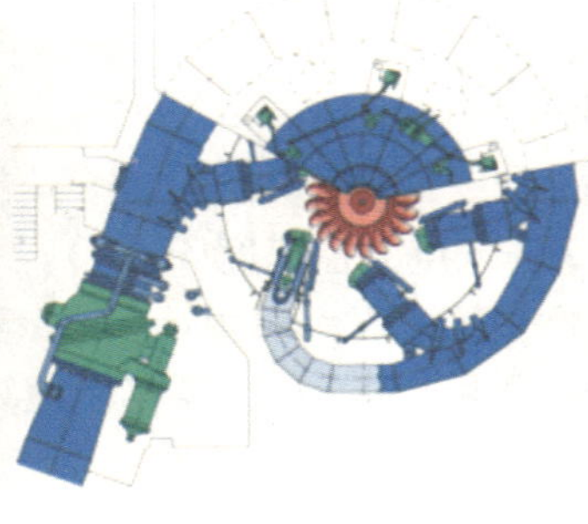

(c)

图 8-4 Pelton 透平

(来源：Voith Siemens Hydro Power Generation)

(a)Pelton 轮；(b)Pelton 透平用于 Walchensee Power Plant 水电厂；(c)Pelton 透平用安装设计平面图

Pelton 轮是最高效的水轮机类型之一，是在 1870 年代由 Lester Allan Pelton 所发明。尽管后来有众多变种，但始终未脱离 Pelton 轮本宗。Pelton 设计基于使转轮速度为水喷射速度一半时透平效率最高。

水流沿转盘正切方向，导向喷嘴的水流冲向安装在转盘轮边缘一系列勺形小桶，将动量传给转盘轮。

鉴于高效，Pelton 轮更适合高水头运作。

在无摩擦的理想情况，水力学势能($E_p=mgh$)变成动能($E_k=mv^2/2$)，这样一来，原始喷射速度(initial jet velocity)V_i：

$$V_i = \sqrt{2gh}$$

为简化起见假定速度向量彼此平行，则原始喷射速度(V_i)相对转轮速度(u)而言：

$$V_i - u$$

如果此速度保持常量，水从转轮抛出时喷射速度(V_i)相对转轮速度(u)而言：

$$-(V_i - u) = -V_i + u$$

相对地球参考坐标的最终喷射速度(V_f)则为：

$$V_f = (-V_i + \mathrm{u}) + u = -V_i + 2u$$

理想情况下全部动能传给转轮，即最终喷射速度(V_f)为零：

$$-V_i + 2u = 0$$

最佳转轮速度为：

$$u = V_i/2$$

即如前面所述：转轮速度为水流喷射速度一半时透平效率最高。

水流喷射到转轮的力(F)：

$$F = -m(V_f - V_i) = -\rho Q[(-V_i + 2u) - V_i] = -\rho Q(-2V_i + 2u) = 2\rho Q(V_i - u)$$

这里，ρ 是密度；Q 是流体体积流量。

当转轮速度等于水流喷射速度时，$F=0$，即：转矩为零。

此时，最大功率(P_{max})产出：

$$P_{max} = \rho g h Q$$

效率：

$$\eta = 4u(V_i - u)/V_i^2$$

8.2.6 Francis 透平机

图 8-5 所示为 Francis 透平机以及实际应用图景。

Francis 透平机是水轮透平的一种，1848 年由 James B. Francis 在美国马萨诸塞(Massachusetts)州 Lowell 研发。Francis 透平是内流反应式透平机；组合了辐流和轴流双重概念，亦称“轴向辐流式涡轮机”。Francis 透平机效率可高达 90%。

Francis 透平也是目前应用最普遍的水轮透平机。其应用水头范围从 10～650m，主要用于发电(微型小水电除外)：10～750MW。大中型 Francis 透平一般用垂直轴；小型通常采用水平轴。

Francis 透平机属于反应式涡轮机：工作流体通过透平降低压力交出能量。因此，需要一含水流窗扇空腔。Francis 透平机常坐落在坝基上，高压水源和低压水之间。

透平入口呈螺旋形。导引叶片沿切线将水引向透平转轮。此辐向水流作用于转轮叶片，造成转轮转动。导引叶片(相当“检票门”)可以根据水流情况调整，达至透平高效运行。详见图 8-6 所示。

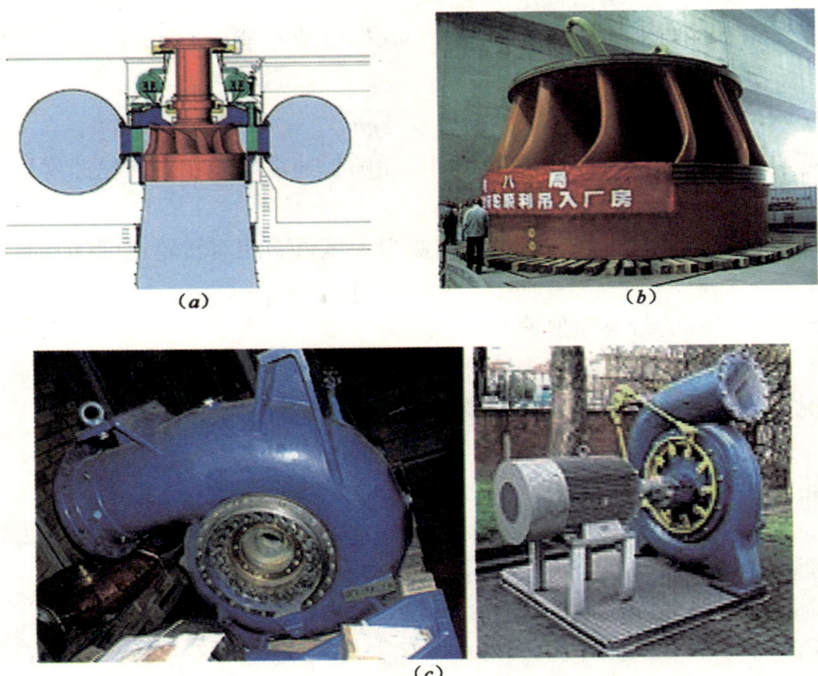

图 8-5 Francis 透平及应用
(来源：Wikipedia)
(*a*)Francis 透平侧剖面；(*b*)Francis 透平在超大三峡水电站；(*c*)瑞士造小型 Francis 透平及与发电机连接

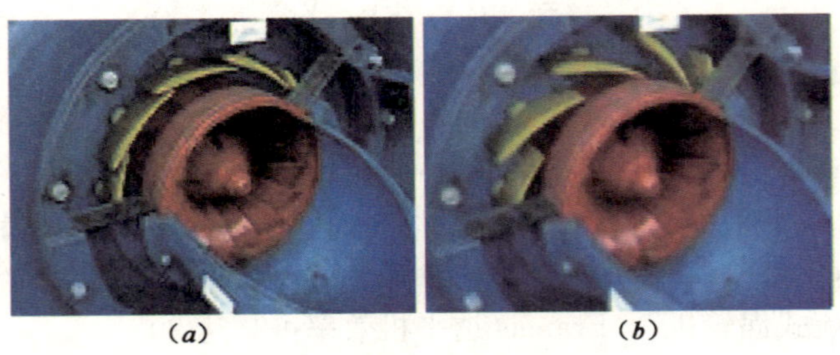

图 8-6 Francis 透平导引叶片根据水流调整
(*a*)导引叶片(黄色)根据最小水流的设置；(*b*)导引叶片(黄色)根据满负荷水流的设置

当水通过转轮，旋转半径变小但继续作用于转轮。根据角动量守恒，半径变小速度加快。因此，Francis 透平机保持高效运行。

在出口，水作用于杯-形转轮，以无漩涡和很小动能或势能离开。透平的出口管造型帮助水流减速并恢复压力。

8.2.7 Turgo 透平机

图 8-7 所示为 Turgo 透平机以及实际应用图景。

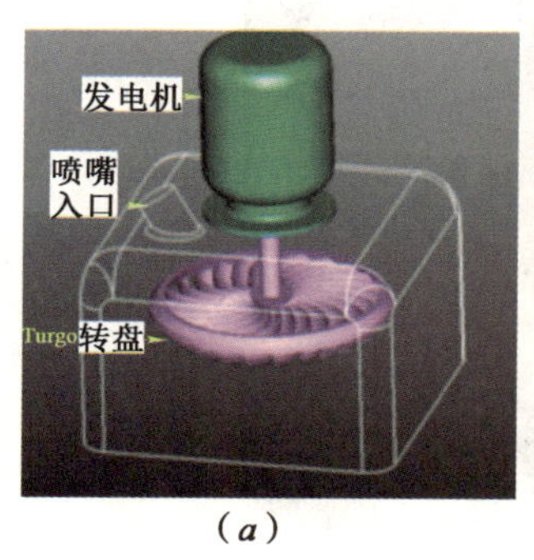

(a)

(b)

图 8-7 Turgo 透平机
(来源：Wikipedia)
(a)Turgo 透平和发电机；(b)Turgo 透平用于新西兰的米尔福峡湾小水电(Milford sound，New Zealand)

Turgo 透平(Turgo turbine)是一种推拍(impulse)式水涡轮机用于中高水头，效率可达 87%。1919 年由 Gilkes 改进 Pelton 轮而成。其优点：

(1) 制作简单；

(2) 不需要如 Francis 型的密封仓；

(3) 可用于大水流；

(4) 减少发电机和安装费用。

水头范围与 Francis 和 Pelton 兼容，适于小水电。因为须喷嘴入口，要防止碎片堵塞影响正常运行。

8.2.8 Kaplan 透平机

8.2.8.1 Kaplan 透平机原理

图 8-8 所示为一垂直 Kaplan 透平机断面原理图。

Kaplan 透平属桨叶可调螺旋桨(propeller)式水轮透平机。1913 年由奥地利 Viktor Kaplan 教授发明。通过自动调节的便门使得此种水轮透平机在宽的水流速和压头范围内保持高效。

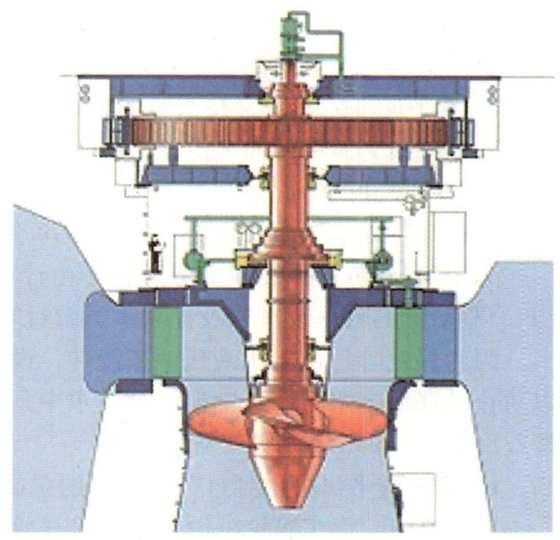

图 8-8 垂直 Kaplan 透平机断面图
(来源：Voith-Siemens)

Kaplan 透平是 Francis 透平的一个改造。这使得彻底改变以前用 Francis 透平在低水头不能工作的情况。其压头范围：10～70m，功率输出：5～120MW。转子直径2～8m。现今，Kaplan 透平机在大流量低水头领域在全世界得到广泛应用。图 8-9 所示为美国犹他州 Bonneville Dam 电站服务 61 年后的 Kaplan 透平机起吊情景。

图 8-9 美国犹他州 Bonneville Dam 电站服务 61 年后的 Kaplan 透平机
(来源：Wikipedia)

Kaplan 透平是内流反应式透平机，即工作流体通过透平降低压力交出能量。设计涵盖辐流和轴流双重特征。

水流入口是一个涡卷形管，围裹着涡轮的边门。水沿切线导向边门并盘桓向螺旋桨形转子，使其旋转。

水出口是特殊形状的吃水管，用于帮助水流减速并恢复动能。只要吃水管里充满水，Kaplan 透平就不需要安置在水流的最低点。然而，较高地安置透平能增加吃水管传递给透平叶片的吸力。由此而来的压力降可能导致气穴或涡凹。

有各种尺寸的边门和透平叶片允许在一定水流范围内高效运转。kaplan 透平的效率一般超过 90%，但在特别低水头时，效率会低一些。

当今 Kaplan 透平的研究领域在于由计算流体动力学(Computational Fluid Dynamics, CFD)驱动下的效率改进以及提高鱼类游过时的生存率。

因为涡轮叶片由高压液压油来旋转，设计 Kaplan 透平机的关键元素就是保持正密封，以防止油释放到水路中。油泄漏到河水中是禁止的。

8.2.8.2 Kaplan 透平机变种

Kaplan 透平机是得到最广泛应用的螺旋桨型透平，但尚有几个变种：

(1) 球型或管式涡轮机设计进水输送管：管式涡轮机是全轴向设计，这里 Kaplan 透平机有一边门[图 8-10(a)]；大的球型涡轮机包括发电机、边门和转子置于水管的中心[图 8-10(b)]。

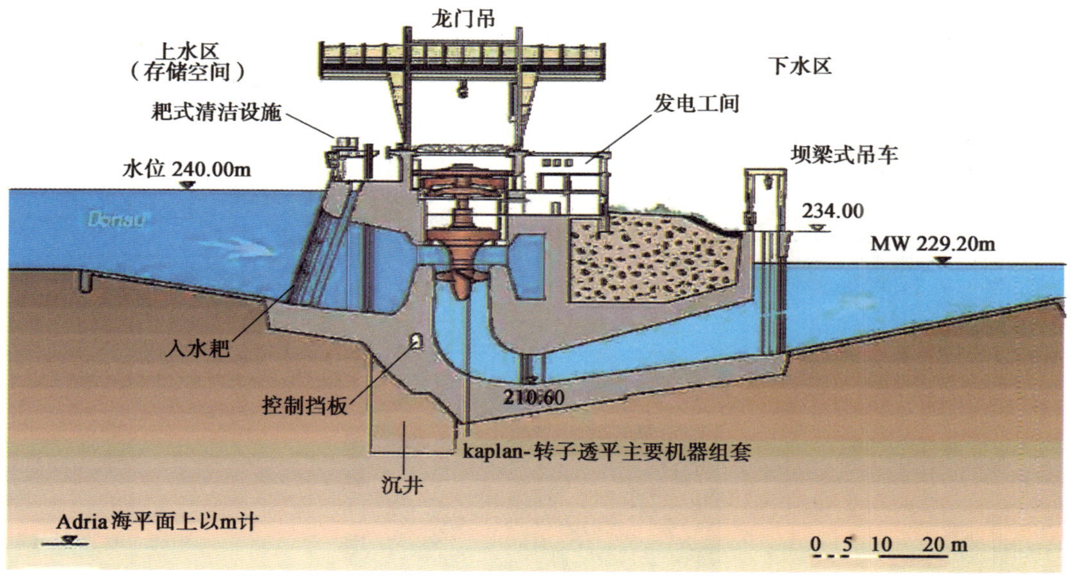

（*a*）

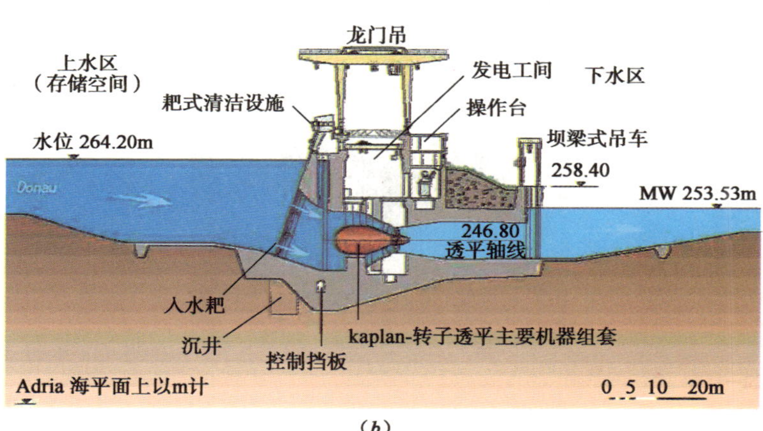

（*b*）

图 8-10　Kaplan 透平机

（来源：VERBUND-Austrian Hydro Power）

（*a*）垂直 Kaplan 透平机；（*b*）水平球型 Kaplan 透平机

（2）坑式涡轮机就是带齿轮箱的球型透平，适合小水电。

（3）Straflo 涡轮机是轴向透平将发电机置于水管外。

（4）S-涡轮机是发电机置于水管外的球型透平。

（5）VLH 涡轮机（Very Low Head，VLH）是水压头非常低的 Kaplan 透平机：与水流有一倾角、直径大、速度低以及带电功率调节的永磁交流发电机。对鱼类友善（死杀率＜5%），见图 8-11。

（6）Tyson-涡轮机是一种沉浸在快速河水流固定螺旋桨透平：或固定在河床；或拴在艇或驳船上。见图 8-12。

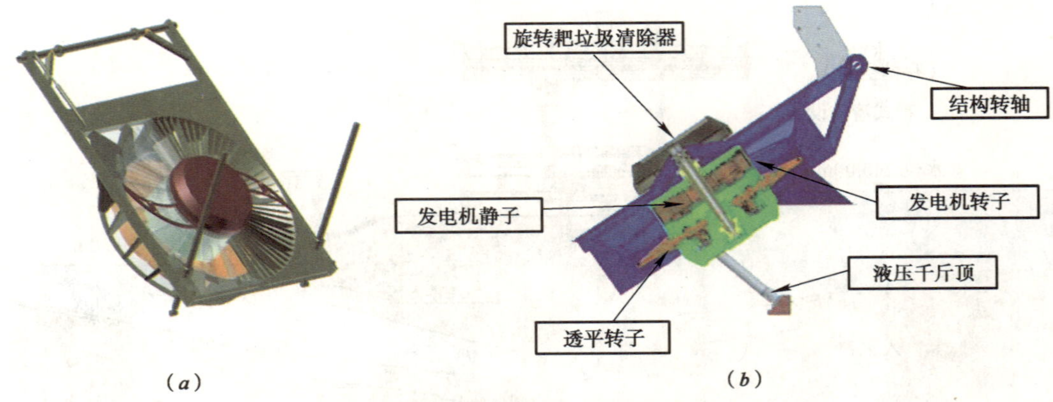

(a)　　(b)

(c)

图 8-11　VLH 涡轮机

(a)外观(来源：ELIA Information)；(b)结构(来源：Marc Leclere)；(c)VLH 涡轮机运行(来源：Marc Leclere)

图 8-12　Tyson-涡轮机

(来源：FreeFlowTech)

8.3 水力发电对生态的影响

设计水力发电，特别是大中型水力发电，往往首先要有水库或拦河坝，遂与环境发生冲突。与其他解决问题的办法相比，会产生一系列对生态的优点和缺点。

8.3.1 水力发电生态优点

（1）可以大规模利用可再生能源并能限制抽水蓄能电站；

（2）削减抽水蓄能电站没有温室气体排放。此外，水库没有甲烷排放，下游的植物在特大洪水之前不会被吞噬；

（3）洁净河流，污物（如风暴或雪溶带来）可以经发电站前的耙型清洁设施挡住并去除；

（4）河流控制并且保护高水位，因为在水量充沛期蓄水，而后适时适量排放；

（5）灌溉，即：缺水期水库可予供水。

8.3.2 水力发电生态缺点

（1）生态变化，损坏大自然和景观，摧毁自然河流灌溉体系；

（2）有时必须强迫移民；

（3）蓄能电站并不连续运行，存在波涛汹涌的问题：运行时即便缺水期在一个狭窄高山峡谷也会引发高水位危险。

8.4 水力发电的经济评估

8.4.1 经济和生态评估标准条件

做生态和经济评估要注意：相对于光伏发电设施、风能转换发电设施，水力发电首先也需确定并研究当地具体情况和条件。

按照生态和经济标准分析不同类型设施。

8.4.1.1 经济标准

经济分析包括如下方面：

（1）资本投资；

（2）运行花费；

（3）电费高企费用。

8.4.1.2 生态标准

生态分析包括如下方面：

（1）排放负担；

（2）趋势及应用变种。

8.4.2 小水电降低成本

通常，在发展中国家偏远农村地区发展小水电可以提供相对公共电网服务很多经济上的优势。特别需要注意的是：仔细安排产生电力的使用。

发展小水电项目方案主要花费在于现场准备及设备资本投入。一般地说，单位电能产出花费会随着大厂容量和高水头而下降。但是，小水电项目采用一些措施会改善单位电能产出花费：

(1) 摒弃建一个蓄水坝的昂贵成本；

(2) 尽量采用当地生产设备；

(3) 使用高密度聚乙烯(HDPE)塑料压力管道；

(4) 电负荷调节：应用一些有效产品，诸如电池充电或者水加热转储负载(dump loads)以多产电、摒弃笨重而昂贵的机械控制装置；

(5) 利用现存基础设施：如灌溉渠；

(6) 将电站尽量靠近村庄，避免采用昂贵的高压设备如变压器；

(7) 有些情况下用泵代透平(PAT)能降低成本(电动机经修理作发电机用)；

(8) 利用当地材料和劳力；

(9) 仔细设计全天电力负荷；

(10) 低花费连接；

(11) 明沟替代地下管道。

8.4.3 小水电管理

地方社区参与产权、管理、运行和维护保养。运行和维护保养通常由经训练的当地专业人员进行。

8.4.4 低费用线路连接

微水电用于提供当地电能，为低收入群体负担得起的选择是保持连接成本和随后付出最低。偏僻农村最低电力需求是照明、无线电或电视，满足这些有一系列措施：

(1) 负荷限量供应：工作负载限制器限制提供给消费者一个规定值的电流，如果电流超过该值则设备会自动断开电源。对消费者只收取固定的月租费，不计消耗的总量，该设备简单不需电能表；

(2) 降低服务连接成本：限制负载电流还可以帮助降低电缆成本；

(3) 预制布线系统不但会降低成本，而且保证安全标准；

(4) 信贷计划可以让住户克服由电网连接的初始进入成本施加的障碍；

(5) 社区居委会和合作社，在各个阶段能积极帮助降低成本及提供更好的服务，例如，社区可以帮助减少税收的征收，降低公用事业的成本。

8.5 波浪发电

波浪发电是将海洋表面波浪能的运输和捕获用作诸如：发电、海水淡化或泵水(进入水库)。

波浪发电与潮汐发电和洋流稳定环流的日流量不同。尽管至少早在 1890 年就有人试图波浪发电，直至目前，它仍不是广泛采用的商业技术。2008 年，第一个实验波浪农场——葡萄牙 Aguçadoura 波浪公园开工。

8.5.1 波能量的物理概念

实验表明：当一个物体在一池涟漪的汶波中摆上摆下，它会呈现椭圆形的轨迹[图 8-13(*a*)]。

图 8-13(*b*)描述在海洋波浪中粒子运动。

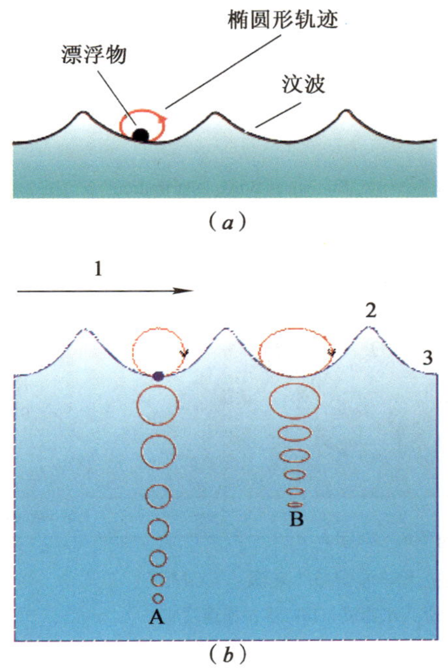

图 8-13 波浪中粒子运动的物理概念
(*a*)海洋波浪中飘浮物的运动——椭圆形轨迹；
(*b*)海洋波浪中粒子运动
A—深水，随潜入水表越深流体粒子运动轨道越小；
B—浅水，流体粒子的椭圆形运动随深度而扁平；
1—波传播方向；2—波峰；3—波谷

风吹过海水表面，遂引发波浪。只要波传播速度比正在水面上方的风速慢，就有从风向波的能量传输。波峰的上风面和背风面的压力差以及风与使得水进入剪应力的水面间磨擦造成波浪增长。

波高是由风速、风吹历时、风的拿取(风超过其所激发波的距离)以及海床深度和海底地形(可集中或分散的波浪能量)所确定。一个给定的风速有一个相应的实际限制——它在时间或距离上不会产生更大的波浪。如果海真的抵达这一限制，可以说：海被“彻底激发”。

一般地说，大波浪更具强功率；但是，波浪的功率尚由波速、波长和水密度决定。

在水表面时振荡运动幅度最高，随深度增加振荡运动幅度呈指数状下降(见图 8-13(*b*))。但是，对于接近反射海岸的驻波(clapotis)，波能量在深海也表现为压力振荡，产生微地震。当然，依波能量的观点，此压力振荡在特别深的海微不足道。

波在海面上传播并且波能量也在水平方向以群速度传输。该波能量的平均传输速率通过单位宽度的垂直平面，平行于波峰，被称为波能量通量(或波功率，请不要与由海浪发电装置所产生的实际功率相混淆)。

8.5.2 波功率的公式

在水深大于波长的一半的深水中，单位波峰长度的波能量通量(波功率)P为：

$$P=\frac{\rho g^2}{64\pi}H_{m0}^2T\approx\frac{1}{2}H_{m0}T$$

这里，H_{m0}波高(Significant wave height 基于统计学波分布的定义详见下面图 8-14 中红色标注)

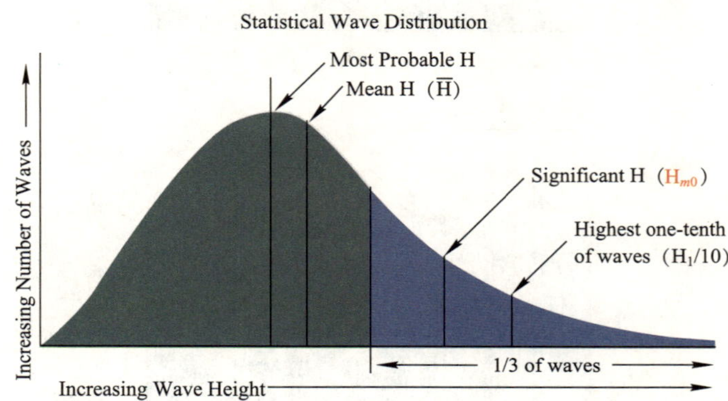

图 8-14 统计学波分布(来源：COMET)

T：波周期；P：水密度；G：重力加速度

这一公式表明：波功率正比于波周期和波高(Significant wave height)的平方。当波高(Significant wave height)以 m 计、波周期以 s 为单位，则结果是单位波前(wavefront)波长的波功率，以 kW/m 为单位。

比如在大风暴，离岸最大波的波高约 15m，具有一个约 15s 波的周期。根据上面的公式，这样的波携有每米波前波功率约为 1.7MW/m。

一个有效的波浪发电装置捕获尽可能多的波能量通量。因此，波浪发电装置区域过后的波高会有所降低。

8.5.3 波能量和波能量通量

按照线性波理论(linear wave theory)，单位重力波作用的水面面积的平均能量(动能与势能总和)密度 E(J/m^2)为：

$$E=\frac{1}{16}\rho g H_{m0}^2$$

式中 H_{m0}——波高；

ρ——水密度；

g——重力加速度。

基于均分定理(Equipartition theorem)，可以考虑动能和势能相等。在海洋波，波长在几个 dm 以上，表面张力的影响可以忽略不计。

鉴于波传播，能量也在传递。能量传递速度就是群速度。因此，通过单位宽度垂直波传播方向平面波能量通量等于：

$$P = Ec_g$$

式中　c_g——群速度(m/s)。

由于重力的作用下水波的色散关系，群速度取决于波长 λ，或等价地说，取决于波周期 T。再者，色散关系还是水深 H 的函数。因之，群速度在不同的水深(深、浅和中间)表现不同。

8.5.4 不同水深的海洋波特性

表 8-4 罗列了在不同水深(深、浅和中间)的海洋波特性。

不同的水深(深、浅和中间)海洋波特性　　表 8-4

物理量	符号	单位	水深		
			深水 ($h>\frac{1}{2}\lambda$)	浅水 ($h<0.05\lambda$)	中间深 (所有 h、λ)
相速度	$c_p=\frac{\lambda}{T}=\frac{\omega}{k}$	m/s	$\frac{g}{2\pi}T$	$\sqrt{gh}$	$\sqrt{\frac{g\lambda}{2\pi}\tanh\left(\frac{2\pi h}{\lambda}\right)}$
群速度	$c_g=c_p^2\frac{\partial\ (\lambda/c_p)}{\partial\lambda}=\frac{\partial\omega}{\partial k}$	m/s	$\frac{g}{4\pi}T$	$\sqrt{gh}$	$\frac{1}{2}c_p\left(1+\frac{4\pi h}{\lambda}\frac{1}{\sinh\left(\frac{4\pi h}{\lambda}\right)}\right)$
群相速度比	$\frac{c_g}{c_p}$	—	1/2	1	$\frac{1}{2}\left(1+\frac{4\pi h}{\lambda}\frac{1}{\sinh\left(\frac{4\pi h}{\lambda}\right)}\right)$
波长	λ	m	$\frac{g}{2\pi}T^2$	$T\sqrt{gh}$	•
波能量密度	E	J/m²	$\frac{1}{16}\rho gH_{m0}^2$		
波能量通量	P	W/m	Ec_g		
角频率	ω	rad/s	$\frac{2\pi}{T}$		
波数	k	rad/m	$\frac{2\pi}{\lambda}$		

• 给定周期 T，解为：$\left(\frac{2\pi}{T}\right)^2=\frac{2\pi g}{\lambda}\tanh\left(\frac{2\pi h}{\lambda}\right)$

8.5.5 深水特性和机会

水深超过波长的一半称为深水，这在大海大洋中是常见的情况。在深水，较长波长的波传播速度更快，传输能量也更快。从表 8-4 可以发现：深水群速度是相速度的一半。在浅水，波长是水深的 20 倍以上，近海时常会发现：群速度等于相速度。

深水海洋规律性突出，“容易预测长波振荡”的规律性显而易见。这提供了能量收获技术的发展机遇。这些技术潜在地较少受到由于近岸波浪峰涌引发的物理伤害。

8.5.6 波浪能的利用

8.5.6.1 利用波浪能的历史

据目前所知：世界首次利用海浪能量的专利持有人可以追溯到1799年在巴黎的Girard和他的儿子。1910年，Bochaux-Praceique创造了第一个海浪发电(1kW)早期应用，用于他在法国Royan(Bordeaux附近)家的照明和家电。仅仅在英国，从1855年到1973年就有340件利用海浪能量专利登记。

现代科学对波浪能量的追求是从Yoshio Masuda的实验开始。早在20世纪40年代，他已经试验海上波浪能装置的各种方案并且将数百个设施用于点亮电力航行灯。

1973年石油危机再次提高了人们利用波浪能量的兴趣，特别是英美大学和研究机构的科学家。如1974年，爱丁堡大学(University of Edinburgh)的Stephen Salter教授发明了“爱丁堡鸭”(Edinburgh Duck)，可以高效地将波浪能量的90%变成电能。

8.5.6.2 现代波浪能利用分类

波浪发电设施通常依捕捉波浪能量所采用的方法来分类。当然，也有按坐落地点和发电系统分类的。

依捕捉波浪能量所采用的方法来分类：

(1) 点吸收器或浮标；

(2) 表面跟随或者朝向与波传播方向平行的衰减器；

(3) 朝向与波传播方向垂直的终端器；

(4) 震荡波柱(oscillating water column，OWC)；

(5) 漫顶(overtopping)。

依捕捉落地点来分类：

(1) 海岸线；

(2) 近岸；

(3) 离岸。

按发电系统类型分类：

(1) 液压油缸；

(2) 弹性软管泵；

(3) 泵到岸上；

(4) 水电透平；

(5) 燃气涡轮；

(6) 线性发电机。

有些设计还结合抛物面反射器在波能量捕捉点作为提高波能量的手段。这些捕获系统利用波上升和下降运动捕捉能量，一旦波能量被捕获，电力必须送到用户或连接到电网的输电电缆。

8.5.7 波浪能发电设施

8.5.7.1 波浪能发电设施的三个基本类型

波浪发电是波浪能利用的主要方式，此外，波浪能还可以用于抽水、供热、海水淡化以及制氢等。

波浪能利用的关键是波浪能转换装置。通常波浪能要经过三级转换：第一级为受波体，它将大海的波浪能吸收进来；第二级为中间转换装置，它优化第一级转换，产生出足够稳定的能量；第三级为发电装置，与其他发电装置类似。

一般说来，波浪能发电设施被分为三个基本类型：

(1) 振荡水柱(oscillating water column，OWC)型

振荡水柱型亦称空气容器型，是利用一个容积固定、与海水相通的容器装置。通过波浪产生的水面位置变化引起柱内高于水面的空气容积发生变化压缩容器内作为中间工质的空气。压缩空气遂驱动叶轮，带动发电机发电；中国广东汕尾建成的100kW波浪发电站(固定岸式)就属于这种类型。

(2) 浮体-液压机构(floating body-hydraulic mechanism)型

浮体-液压机构型是利用波浪的运动推动装置的活动部分——鸭体、筏体、浮子等，活动部分压缩(驱动)油、水等中间介质，通过液压机构推动透平驱动发电。

(3) 收缩水道(tapered channel，tapchan)型

水流型是利用收缩水道(tapchan)将波浪引入高位水库形成水位差(水头)，利用水头直接驱动水轮发电机组发电。

这些波浪发电设施优缺点各异，但有一个共同的问题是波浪能转换成电能的中间环节多，电力输出波动性大，这也是影响波浪发电大规模开发利用的主要原因之一。把分散的、低密度的、不稳定的波浪能吸收起来，集中、经济、高效地转化为有用的电能，装置及其构筑物能承受灾害性海洋气候的破坏，实现安全运行，是当今波浪能开发的挑战。

8.5.7.2 “巨鲸”波浪能发电设施

“巨鲸”(Mighty Whale)是振荡水柱(OWC)型波浪能发电设施的原型项目，见图8-15所示。

巨鲸50m长，30m宽，安置有3台发电机(50kW＋2x30kW)锚于日本Gokasho湾外1.5km，海深40m。巨鲸设计可以抵抗强烈台风和惊涛骇浪冲击并且能在岸上进行远程控制，是浮动振荡水柱(OWC)型波浪能发电设施。

振荡水柱(OWC)型波浪能发电设施分两步的运行原理在图8-15被描绘得非常清晰。

8.5.7.3 “波浪之星”发电设施

浮动海上的“波浪之星”波浪发电设施随波浪上下运动。“波浪”之星的浮子(flcats)借助展臂固定在平台之上。而平台由支架锁定于海床底。浮子的运动经由液压机构驱动发电机转子旋转发电。波浪沿机器长度方向依次抬高20个浮子，捕获功率带动动力机并且以此方式连续产能同时平缓输出电力[图8-16(*a*)]。

图8-16描绘“波浪之星”，这一个在波浪发电领域崭新的标准和概念——将变幻起伏的波浪能转换成高速旋转用作发电：包括工作原理；最新应用场景以及巨型浮子近照。

“波浪之星”是丹麦公司Wave Star Energy的创举，有望几年内投放市场。公元2000

年，Niels Hansen 和 Keld Hansen 兄弟突发 Wave Star 的奇想。2003 年 Per Resen Steenstrup 买下这一思想。现今，在 Danfoss 旗下的这个家庭是公司主要股东。

“波浪之星”的首次试验在 Aalborg 大学，随后在 Nissum Bredning 的 Folkecenter 试验站，自 2009 年转至丹麦北部小镇 Hanstholm 濒临海域，2010 年 2 月实现波浪能发电联网运行。

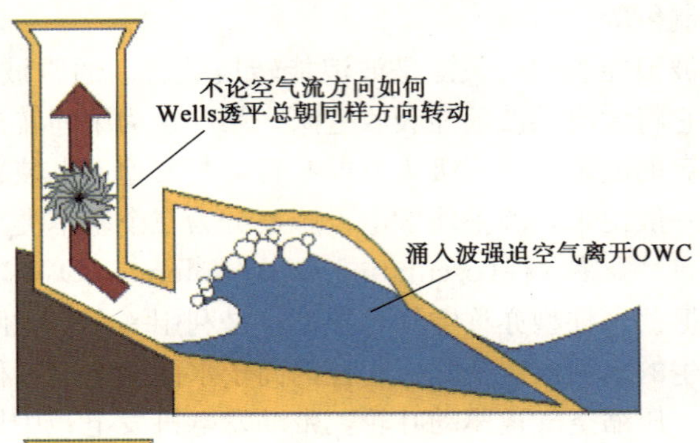

(*a*)

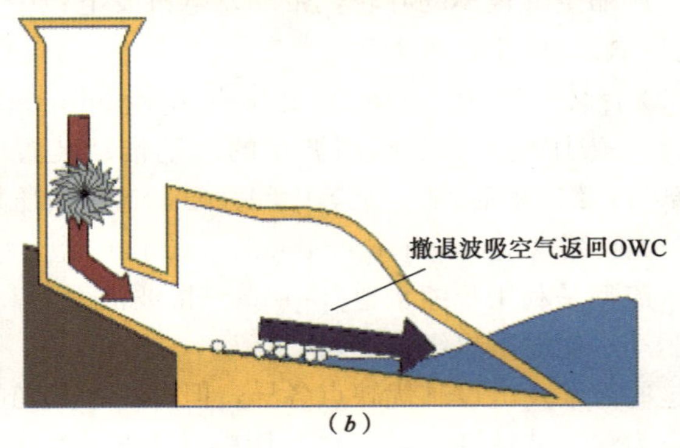

(*b*)

图 8-15 巨鲸及其运行原理

(来源：physorg)

(*a*)巨鲸于日本 Gokasho 湾外 1.5km；(*b*)运行原理

8.5.7.4 “波浪龙”发电设施

“波浪龙”是一个浮动、松散停泊的漫顶(overtopping)型波浪能发电设施。既可作为个体，或集高达 200 单元的阵列作能量转换器，这种阵列的输出将有能力与传统的化石燃料发电厂媲美。

第一个“波浪龙”原型在 2003 年就连接到电网并且目前在丹麦 Nissum Bredning 继续开发：正在进行长期的测试，以期确定系统的性能、可用性和在不同天气和潮汐情况对发电的影响。

“波浪龙”的概念结合了现有的、成熟的离岸及水轮机的技术。德国慕尼黑技术大学正在测试 Kaplan 水轮机在“波浪龙”的使用并配备气缸门自动启动和停止进水虹吸阀门而使未来再安装 6 台涡轮机工作。

“波浪龙”利用波浪能量是基于传统的水力发电厂并使用离岸海上浮动平台［图 8-17(*a*)］。

“波浪龙”由两个波反射器［图 8-17(*b*)］直接向一个“轩梯”坡道推动波澜。经此“轩梯”坡道的漫顶(overtopping)由后面的蓄水库水直接收集，并临时储存，该水库高于

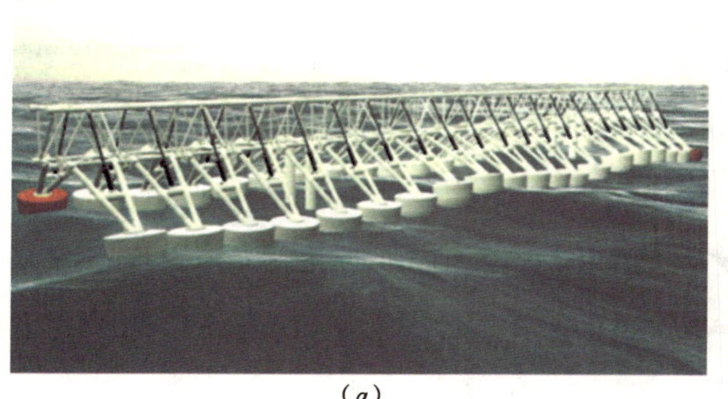

(a)

(b)

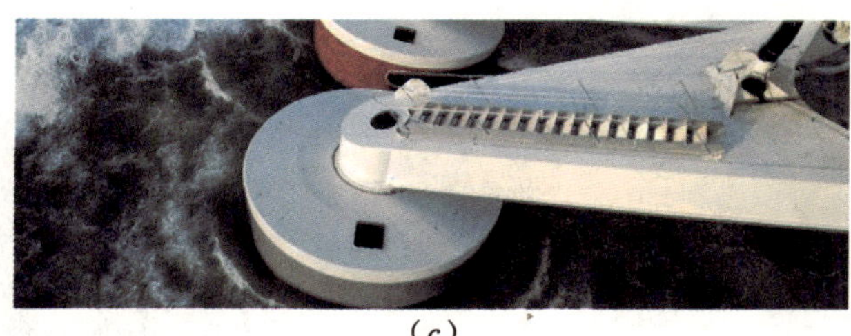

(c)

图 8-16　波浪发电领域的波浪之星
(来源：Wave Star Energy)
(a)工作原理；(b)最新应用场景；(c)浮子

海平面。然后，携带势能水垂直通过水轮机叶片复出。即通过三步能量转换：

漫顶(反射器＋“轩梯”坡道)→存储(蓄水库)→发电(低水头发电机组)。

“波浪龙”的主要组件包括：

(1) 具有双重“轩梯”坡道(钢筋混凝土和/或钢结构)的主体；

(2) 两个钢筋混凝土和/或钢波反射器；

(3) 泊锚系统；

(4) 螺旋桨式透平机；

(5) 永磁发电机。

“波浪龙”的三个优势：

(1) 概念结合了已存在的、成熟的离岸及水轮机技术；
(2) 规模可以上下自由调整的惟一波浪能量转换技术；
(3) 在海上进行了维修和大修工程相对低成本。

Wave Dragon 正致力于具容量 50MW 的“波浪龙”研究开发。

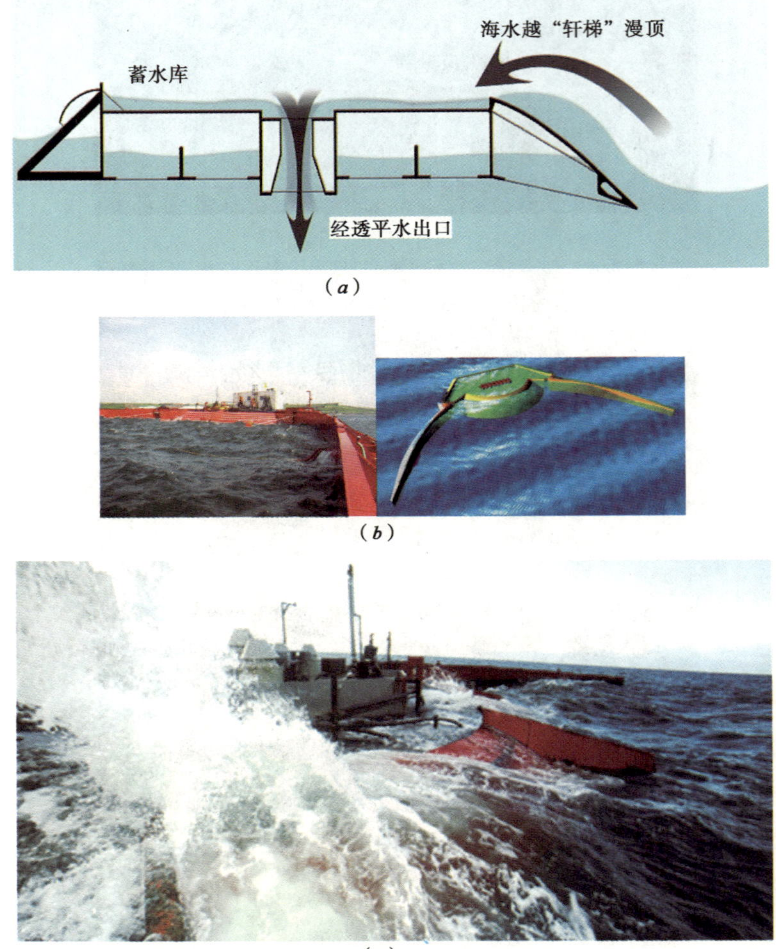

图 8-17 波浪龙
(来源：Wave Dragon)
(a)“波浪龙”工作原理；(b)“波浪龙”两个波反射器(左：现场实际，右：模型示意)；(c)“波浪龙”正运行中

8.5.8 利用波浪能的潜能和挑战

8.5.8.1 利用波浪能的潜能

波浪能是最清洁的可再生能量资源，它的开发利用，将大大有助于缓解化石能源及核燃料渐近枯竭及燃烧化石燃料对环境造成的破坏。

据有关资料的估计，全世界沿海岸线波浪能功率达 2.7TW，技术利用可行的波浪能潜力为1TW。中国陆地海岸线长达18000km，大小岛屿近7000个。根据海洋观测资料统计：沿海海域年平均波高约2.0m、波浪周期6s左右、波浪能资源总量计有0.5TW且可开发利用约0.1TW，资源十分丰富。

8.5.8.2 利用波浪能所面对的挑战

除了在8.5.7节介绍的典型应用之外，世界各地尚有众多利用波浪能的研究成果出现。然而，利用波浪能还都面对一些重大挑战，例如：

(1) 对海洋环境的潜在影响——噪声污染：例如，如果没有进行监管可能产生负面影响，尽管噪声每个设计对海洋环境的影响差别很大。

(2) 在社会-经济学方面的挑战：波浪农场可能引发商业和观赏鱼渔民移动其生产基地；还可能改变海滩营养链的模式；另外可能会伤害航行安全。

(3) 波浪的能量资源丰富，但现今技术上可利用的比例尚小。

8.5.9 波浪农场

Aguçadoura波浪农场(Wave Farm)是世界上第一个实践了的离岸波浪农场，位于葡萄牙Oporto北部Póvoa de Varzim附近。Aguçadoura波浪农场采用三个Pelamis波浪能转换器(见图8-18)将海洋表面波浪动能变成电能，容量共计2.25MW。

图8-18 Aguçadoura波浪农场用Pelamis波浪能转换器
(来源：Wikipedia)

Aguçadoura波浪农场2008年7月产电，后因金融危机导致资金问题停顿数月。新资金到位的二期工程目标是：再增加25台Pelamis机器，发电容量达21MW。

此外，苏格兰、英格兰、澳大利亚均宣布了雄心勃勃的Wave Farm计划。

9 环 境 热

如前所述，热能和电能是人类社会的两种主要最终使用能量。

鉴于化石能源、核裂变原料百年内渐近枯竭和排放 CO_2 等温室气体造成气候暖化，开发利用可再生能源已成必由之路。

有效地利用环境热——从大地、水和空气汲取热能；综合开发热能和电能；依太阳能利用高效评估工业过程；将开发利用可再生能源与循环经济结合，迈出节能低碳的坚实步伐，特别在建筑工业，最近一系列的进步和创新已经构建了可靠的技术基础。

9.1 利用环境热

“环境热”的定义尚无严格考证，然而通过对气象旋涡、地理运动生成和工作机制的完整破译，可以成功地将这些自然机制在可能的范围内进行实验室模拟和测量；并在此基础上，将同样作用过程大规模地移植，作为无花费的生产机器系列地产生：

(1) 热；

(2) 冷；

(3) 电；

(4) 机械驱动。

对于走这条道路的关键所在，早在 1933 年就有人明确指出。然而，在那个时代尚无此迫切需求。依照当今的观点并且基于精细计量的可能性出发，这一切是可以成功的。

利用最近 20 多年来所有方面的考核结果，鉴于如下基本情况的变更，我们有理由更广泛、更公开地立即行动，寻找新的物理途径及其实践应用：

(1) 没有速度，只有加速度；

(2) 没有万有引力，只有转动冲量的交换；

(3) 热力学第二定律已经丧失了其严格的教条要求；

(4) 允许机械驱动不须原始能源的介入；

(5) 也可以整体摆脱相关过程废物、余渣处置问题；

(6) “熵”的概念又退回与不同具体系列和分子状态相关的指定特性，并依此清晰地予以解释。

上面断言的证明可以达到一个令人惊讶的简单：内涵的叙述只需公理化方法导出——包括速度和现有的重力。现有的概念需要更换，与此相联系的众多结论作为这一解释推论的后果。

在前述关系之中，这一点十分有意义和必要：放弃固有保持静止的用以彼此之间测量的地球参照物系统，代之以引入新的物理和数学概念，比如说，转动冲量矢量(Drehimpulsvektor)。

9.2 热泵

利用环境热的一个最有效手段堪属热泵——从大地、水和空气汲取热能。特别值得指出的是空气源热泵，从空气汲取热能。因为并不是任何地方的土壤和地下水具有充足热量可以提供并且有足够面积可利用与自然释出的热进行热交换的热交换器。已有报道指出在建筑物顶安装空气集热器用于热泵供暖，达到平均年功率数(Jahresleistungszahl，JAZ)为4.5。

9.2.1 热泵的热源

热泵的热源有如下几种：

(1) 外面空气；

(2) 河流和湖泊的水(地表水)；

(3) 地下水；

(4) 地表热(地表集热器和地热探针)；

(5) 余热(加工后废水，污水，工商业废热)。

其中，地下水、地表水和地表热的利用需要经过有关部门批准。

9.2.2 热泵的工作方式

利用热泵可以无须维护、得到投入电力数倍的热能，经济又环保，节能且低CO_2释放。热泵工作原理如同冰箱，只是完全相反。本系列丛书第一册《无源建筑——能量利用效益最佳建筑》和第二册《建筑无源制冷和低能耗制冷》均有介绍，此处不再赘述。平均年功率数(Jahresleistungszahl，JAZ)一般为4左右。产生热能可以75%为免费的环境热。

鉴于地热资源可以制冷，通过热泵利用地热资源制冷效率极高。

9.3 热电联产和循环经济

9.3.1 热电联产

热电联产是一个在发电厂热和电的生产的集成过程，基于燃料利用，其效率最高可达85%～90%，而独立发电厂的效率仅为35%～40%。当然，这里都是采用生物质燃料。如是，将来单位产能(热和电)释放二氧化碳会大大降低。

图9-1所示是生物质热电联产能值系统框图。

9.3.2 循环工业经济举例

电炉炼钢是应用全循环材料的典型；因此，对保护自然资源意义重大。循环废钢冶炼典型地采用电弧炉(Electric Arc Furnace，EAF)技术。电炉废钢冶炼比起从原始矿石冶炼节省相当大的能量。

一座年产能870000t的电弧炉每产1t钢水要1.132t循环废钢。在废钢熔化期，电弧

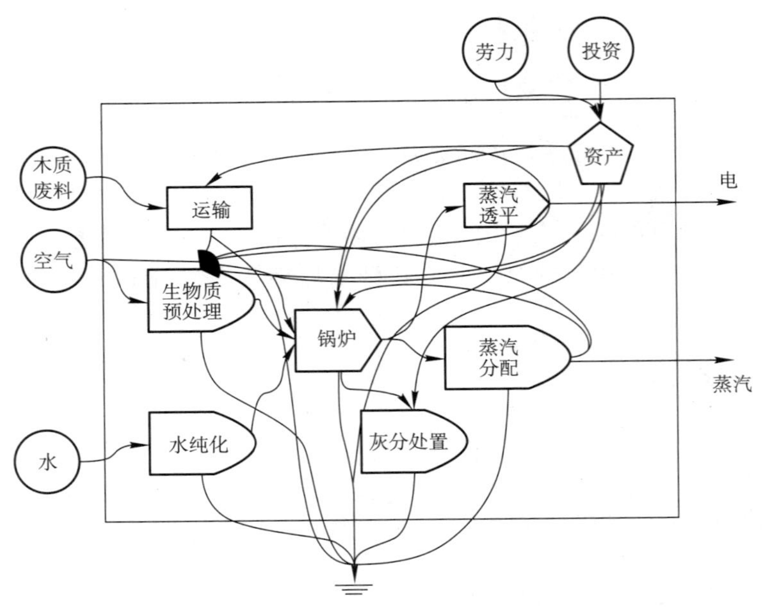

图 9-1　生物质热电联产能值系统框图

（来源：Sha Sha）

炉吹氧以使钢纯化。石墨电极加热使温度达 1800℃。铁合金的加入使钢能够具有所要求的组分和特性。气体流量进入保持吹炼过程与外界很好的隔离。耐火材料用以确保电弧炉内部条件长期高温耐机械磨损。图 9-2 展示这一电炉炼钢能值循环系统方框图。

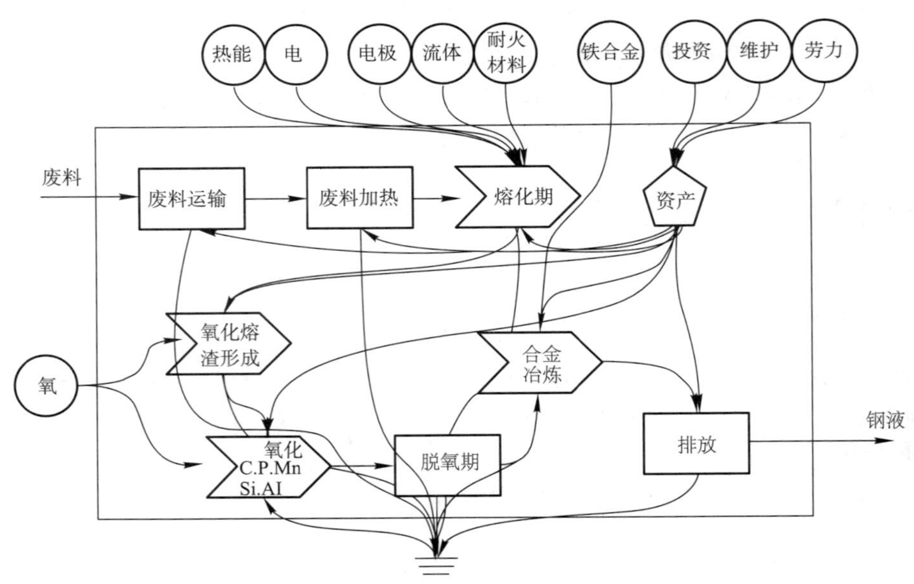

图 9-2　电炉炼钢能值循环系统方框图

（来源：Sha Sha）

现在比较两种情形：

（1）供电由生物质燃料热电联产电厂供给；

(2) 供电由燃煤热电联产电厂供给。

研究资料估算表明以生物质为基础的电力供应可以比由燃煤热电联产电厂供给减少钢循环所须能值 25%。

9.4 国际能源局最新决策

9.4.1 国际能源局技术路线图

据 2011 年 5 月 16 日来自巴黎的报道，国际能源局(IEA)向媒体发布消息：住宅建筑、商业建筑以及公共建筑加热供暖和制冷技术能量利用高效且释放 CO_2 少(甚至不释放 CO_2)可以大幅度地减少能量消耗和 CO_2 释放。上述建筑加热供暖和制冷的能耗占到大约最终世界总能耗的 1/3。

IEA 公布的技术路线图——能量利用高效的建筑：加热供暖和制冷技术设施已经显示诸如太阳能加热、热泵、热能存储和为建筑服务的热电联产技术可以有潜力到 2050 年减少 CO_2 释放 2Gt，即如今建筑释放 CO_2 量的 1/4 并且到 2050 年节省燃烧 710000000t 油的等效能量。

IEA 报告确认：能量节省的速度可以很快。这是因为：一方面，所需的技术已经可供；另一方面，加热和制冷设施可以在 7～30 年内将世界全部建筑更换完毕，进度远远超过建筑寿命(30～100 年甚至更长)本身。

今天，能量高效和无 CO_2 释放的建筑加热和制冷技术已经可以提供很多低成本选项以达致减少能耗、缩小用户账单和降低 CO_2 释放。

空间加热和制冷以及热水制备的能耗大约占建筑总能耗的一半左右。因之，节能的潜力非常之大。IEA 制定了路线图并提供由政府机构、工业界、学术界和非政府组织的代表组成的咨询服务。报告回顾了不同的，业已成熟而且商业可供的加热和制冷设施以及最新技术；决心为了 2050 年的目标将这些技术完全投放建筑加热和制冷设施市场。

图 9-3 所示为 2050 年 IEA 建筑加热和制冷设施节能目标及各方面所占比例。

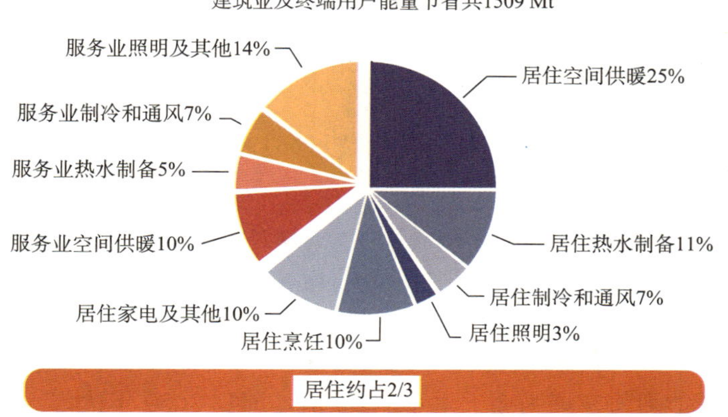

图 9-3 2050 年 IEA 建筑加热和制冷设施节能目标及各方面所占比例
(来源：IEA)

这次发布是IEA公布的技术路线图系列之一，提供政府和工业部门达到潜在目标——全清洁能源技术的行动规范和里程碑。

9.4.2 要求立即行动的方针

报告要求紧急行动起来，克服广泛的市场壁垒来开发能量利用高效且释放CO_2少(甚至不释放CO_2)的建筑加热供暖和制冷设施。重要的是政府采取广泛而且深入的经济方针促进这一进程。这是一个巨大的挑战，方针要使人们从环境和经济两个方面作出最佳选择。

这不仅仅在建筑业，还需要一系列政策配套，并且长期、稳定和平衡的方针支持，比如以下四个方面：

(1) 增加技术研究和发展的投入——至2030年每年附加35000000 USD投入；

(2) 改善消费者资讯并同意分析建筑加热供暖和制冷技术能量和释放CO_2节省的可靠指标以及其全生命周期的经济惠益；

(3) 市场转让(布局)方针以克服目前高效能低(零)排放的建筑加热供暖和制冷技术的低采纳度；

(4) 在技术研究和发展方面更多的技术合作，更实际成套方针和部署项目以期使方针干预效益最大化；并且促进国家和地区间技术知识的转让。

此路线图号召OECD国家加强在现有建筑上加热供暖和制冷技术改造的方针，适当降低新建筑比例和延缓老旧建筑物退役。

对于非OECD国家正值大力新建房屋，意味着要有紧急优先发展新建筑中安置能量利用高效且释放CO_2少(甚至不释放CO_2)的建筑加热供暖和制冷设施和技术。

9.4.3 关键技术如今可供

路线图展现了如何在建筑物中彻底改造加热供暖和制冷并提供热水。到2050年，化石燃料在建筑空间供热和热水制备所占比例，(依照地区不同)减到仅为今天的5%～20%；而全球制冷系统的平均效率将提高两倍多。

报告强调四个关键技术选项，其他技术和燃料起相对小但重要作用(如生物质)：

(1) 有源太阳能热系统：太阳能加热水再空间供暖或者更普及供应卫生用热水；

(2) 建筑用热电联产空间供暖或者更普及供应卫生热水甚至经热驱动冷水机组来提供空间制冷；

(3) 有高终端效益的热泵系统(如空调)可设计成产热或制冷，取决于系统设计生产一体化；

(4) 热能存储对于可再生能量意义重大——使产热或制冷系统能够最佳运行；提供增加平衡能量系统的灵活性。

作为路线图规划转换的一部分，在住宅这一方面热泵的安装总数量从目前的大约800 000 000发展到2050年的3 500 000 000。

太阳能热系统能力将发展为今天水平的25倍，即到2050年达3743GW；为建筑物提供服务的热电联产容量为今天水平的45倍，即到2050年达747GWe。

到2050年，全世界有一半的空间供暖和热水制备系统装备有热能存储。

10 有关生物质、风力、水力等可再生能的书籍

Edited by Norman J. Rosenberg
A Biomass Future for the North American Great Plains—Toward Sustainable Land Use and Mitigation of Greenhouse Warming
Springer，January 2007

Edited by David Pimental
Biofuels，Solar and Wind as Renewable Energy Systems-Benefits and Risks
Springer，September 2008

Edited by A Demirbas
Biofuels-Securing the Planet's Future Energy Needs
Springer，2009

Prabir Basu
Biomass Gasification and Pyrolysis—Practical Design and Theory
Academic Press，2010

Edited by Schubert，Schellnhuber et. al.
Future Bioenergy and Sustainable Land Use
Earthscan，December 2009

Edited by Robert C. Brown，Christian Stevens
Thermochemical Processing of Biomass：Conversion into Fuels，Chemicals and Power
Wiley，March，2011

Horst Crome
Handbuch Windenergie Technik
Windkraftanlagen in handwerklicher Fertigung
3 Auflage
Ökobuch Stanfen bei Freiburg，2008

Peter Musgrove
Wind Pwer
Cambridge **University Press，2010**

Jürgen Giesecke，Emil Mosonyi

Wasserkraftanlagen—Planung, Bau und Betrieb
5., aktualisierte und erweiterte Auflage
Springer, 2011

Thomas Bührke, Roland Wengenmayr
Erneuerbare Energie—Alternative Energiekonzepte für die Zukunft
2 Auflage
Wiley-VCH, 2010

Holger Watter
Nachhaltige Energiesysteme
Grundlagen, Systemtechnik und Anwendungsbeispiele aus der Praxis
Vieweg+Teubner, 2009

Viktor Wesselak, Thomas Schabbach
Regenerative Energietechnik
Springer, Berlin, 2009

Bent Sorensen
Renewable Energy Conversion, Transmission, and Storage
Academic Press, 2008

Edited by K. Hanjalic, R. Krol, A. Lekic
Sustainable Energy Technologies-Options and Prospects
Springer, 2008

Eric Theiβ
Regenerative Energietechnologien—Anlagenkonzepte, Anwendungen, Praxistipps
Fraunhofer IRB Verlag, 2008

Peter F. Smith
Sustainability at the Cutting Edge: Emerging Technologies for Low Energy Buildings
Architectural Press, 2003

Bent Sϕrensen
Renewable Energy—Physics, Engineering, Environmental Impacts, Economics & Planning
4th edition
Academic Press, 2011

European Renewable Energy Council (EREC)
Renewable Energy in Europe
Earthscan Ltd, 2010